ドイツのナチュラルコスメ・ハーバルライフ

植物療法士　山口久美子

Myriam Müller

はじめに

この本を手に取ってくださった皆さんは、さまざまな理由から、自分で作るナチュラルコスメに興味を持たれていると思います。私は15年ほど前から、ドイツの植物療法・ナチュラルコスメに興味を抱いて勉強を始めました。
大学生だった頃、ドイツのTübingen（チュービンゲン）という小さな学生町に留学したのが、そのきっかけです。3カ月の短期留学だったのですが、そこでの生活が「ドイツ流の植物や環境に対する接し方」にふれた始まりでした。
私を受け入れてくれたホストマザーは、料理で出た野菜のくずをコンポーザーに入れて熟成させ、庭のハーブや野菜の肥料にしていました。そして庭でできたミントを摘んできてお茶にしたり、庭の野菜を使ってスープを作ったりしていました。そんな姿が、当時の私にはとても新鮮で、憧れにも似た気持ちが芽生えたのです。
また、風邪をひいたときはApotheke（薬局）で風邪対策のハーブティーを買ったり、咳が止まらないときはカモミールをたっぷり入れた容器にお湯を注いでハーブスチームをしたりと、人が植物と一体となって生きていることを肌で感じました。
その後ドイツ各地を何度も旅行し、また留学したりして「ドイツ植物療法」にいっそう興味を持った私は、ドイツ政府認定講座のHeilpflanzenkunde（メディカルハーブ学）を受講、終了しました。この講座では主にハーブの成分が勉強できるのですが、どのハーブにどんな成分が含まれているからどう作用

する、という化学に近い内容を学ぶことができ、その知識が、より実践的な「手作りナチュラルコスメ」の扉を開いてくれました。

今、ドイツでは空前の「手作りナチュラルコスメ」ブームとなっています。どんな雑誌を見ても「手作りデオドラント」や「手作りハンドクリーム」などがあふれています。

私自身、ドイツの友人から初めて「手作りナチュラルコスメ」をいただいたときには、とてつもない衝撃をうけました。身近にあるハーブに、最新の100%ナチュラルな基材が合わさることで、売り物に近い、もしくはそれ以上のコスメが自分で作れるからです。

それまでは「ハーブはハーブティー」という考えを持っていたのですが、「ハーブは身体全体をケアするもの」という考えに変わった瞬間でした。

そうした私の体験をもとに、この本ではナチュラルコスメに使われるハーブについてや、初めてナチュラルコスメを手作りする方への初級コスメレシピ、より本格的に作ってみたいという方への中級コスメレシピ、さらにはドイツのハーブ料理を含めた季節ごとのハーバルライフを紹介しています。

一人でも多くの方に、自分にも環境にも優しく、安心して使えるナチュラルコスメやハーブを、生活に取り入れていただければと願っています。

山口久美子

もくじ

注意事項

◎ここでご紹介するハーブを用いたコスメやお茶は、治療を目的にしたものではありません。
◎ハーブテラピーは個人の責任のもとで行ってください。当方では一切責任を負いかねます。
◎「手作りナチュラルコスメ」は100%自然のものですが、アレルギーを起こす場合もあります。使用前に必ずパッチテスト*などを行ってください。また、少しでも刺激を感じたり、使用感がおかしいときはすぐに使用を中止し、医師、または薬剤師に相談してください。
◎この本のレシピを第三者に無断に教授すること、また写真などの無断使用を固く禁止いたします。またネットなどへの掲載も固く禁止いたします。

* パッチテスト：作ったものを腕の内側に塗布し、絆創膏をして48時間経過を監視します。

万が一のトラブルに備えてのものです。どうぞご了承ください。

Kapitel 1

ドイツのハーブについて

庭がある、なしに関係なく、

自然とともに生きているドイツの人々。

緑の中を鳥が飛びかい、

さまざまな虫も生きています。

ときにはリスやハリネズミに出合うことも。

こんな豊かな生活に憧れます。

ドイツの庭にはハーブがいっぱい

皆さんは「ドイツの庭」と言えば、どのようなものを想像するでしょうか? ここでは二つのドイツの庭をご紹介します。一つめはケルン郊外に住むミリアムさんの庭です。ビニールハウスも自分で建てた、すべてお手製の見事な庭です。石で区切られた中に、さまざまな植物がたくさん育っています。50種類を超えるハーブが植わっていて、虫に食べられてしまうこともありますが、虫とも共存するのがドイツ流。人間だけが自然を享受するのではなく、虫も鳥も植物とともに生き、生活しています。
ところで、広大な敷地の中にたくさん植わっている植物たちへの水やりは、どうしているのでしょうか。ミリアムさんの庭の片隅には水やり用のポットがいくつも並んでいます。ここに雨水をためて、水やりに使っているのです。これもドイツらしいですね。庭に生えていないハーブは、近くの森に取りに行きます。そんなハーブも取りきるのではなく、来年また生えてくるように、必要な分だけを取ってくるのです。
続いて二つめはザビーネさんの庭です。フランクフルト地方の郊外に住む彼女はマンション住まいなので、正確に言えば庭を持っていません。それでも彼女も自然とともに暮らしていま

右）ミリアムさん手作りの庭。大自然の中にある広大な庭にはいろいろな生き物が住んでいます。左）ザビーネさんの家のバルコニー。季節ごとにさまざまな植物が彩りをもたらします。

す。マンションのバルコニーには、さまざまな植物が置かれています。観賞用のものからキッチンハーブ、野菜まで。植木鉢で育てているのですが、まるで庭のような緑の豊かさです。鳥用の小屋もあります。ドイツでは鳥も虫も大切にされているのです。

庭がある、なしに関係なく、自然とともに生きているドイツの人々。緑の中を鳥が飛びかい、さまざまな虫も生きています。ときにはリスやハリネズミが走っています。こんな豊かな生活に憧れますね。

ドイツの暮らしに密着した多種多様なハーブ。次ページからは、手作りナチュラルコスメで使われるハーブの主なものを紹介します。

アロエ

学名：Aloe vera

Aloe Vera

ススキノキ科。保湿の成分としてナチュラルコスメで使用されます。またお腹をゆるくする作用を持つアントラリンという成分（タンニンの一種）を含み、便秘のときに内服もされます。
アロエは植えてから最低7年以上たったものを、外側の葉から使いましょう。葉を根元から切り、黄色い液体（アロイン）が完全に出なくなるまで、キッチンペーパーの上にしばらく置いておきます。アロインは腹痛を起こしたり、肌に刺激を与えたりするので、取り除く必要があります。そして葉を半分に切り、中の透明なゲルを直接クリームに入れるなどして使います。
ドイツでは葉が肉厚のアロエベラが使用されていますが、日本でよく見かけるのはキダチアロエです（写真はキダチアロエ）。キダチアロエはアロイン含有量がアロエベラに比べて少ないことから、葉をそのまま輪切りにして40度くらいのアルコールに漬け込み、化粧水に入れて使うという方法もあります。

使用部分	葉
作用	肌の保湿　肌を引き締めたり、炎症を抑える
	便秘の解消
注意点	内服：多用すると胃腸を痛めてしまう可能性があります。
使用例	外用：ゲルをクリームなどに入れます（123ページ参照）。

エルダーフラワー

学名：Sambucus nigra

Holunderblüten

スイカズラ科。エルダーはヨーロッパの各地に自生する低木です。ドイツの植物療法では欠かせないハーブで、春には花（エルダーフラワー）を、夏には実（エルダーベリー）を使用します。花にはマスカットに似た甘い芳香があります。
エルダーフラワーはいくつもの研究で、アレルギーを抑える作用のあることが証明されています。また引き締め作用のあるタンニンやフラボノイド、気管にたまった痰を取り除くサポニン、胃腸の働きを高める苦味質など、豊富な成分を含むことから、風邪予防や初期の風邪にハーブティーを飲むとよいとされます。ヨーロッパでは花を砂糖水に漬け込んで作るシロップがポピュラーです。ドイツの夏の飲み物として人気のHugoというカクテルも、エルダーフラワーのシロップとスパークリングワイン、ライム、ミントなどで作ります。
ちなみに、ヨーロッパではエルダーは悪い霊を追い払うとされています。あのハリーポッターに登場するステッキも、エルダーの木から作られているのですよ!

使用部分	花、実
作用	風邪予防　熱のある風邪に、解熱
注意点	熟していない実は毒性があります。犬など動物にあげないこと。
使用例	内服：ポットなどに小さじ2杯のエルダーフラワー（ドライもしくは生）を
	入れて、熱湯250mlを注ぎ、ふたをして15分ほど蒸らします。
	1日3～4回飲むといいでしょう。

ジャーマンカモミール

学名：Matricaria recutita

Echte Kamille

キク科。カモミールにはジャーマン種とローマン種とがあり、ドイツの植物療法でよく使用されるのはジャーマンカモミールです（ジャーマン種は一年草で上に伸び、ローマン種は多年草で地面をはうように伸びます）。
春～初夏に咲くデイジーに似た花には、りんごのような香りがあります。花からは精油が抽出されますが、含有量がとても少ないため高価です。精油は青色をしており、これは抗炎症作用を持つアズレンという成分によるものです。ほかに引き締め作用を持つフラボノイドやタンニン、胃腸の働きを高める苦味質などを含みます。
ギリシャ語名のMatricariaは「母の」という意味があります。ジャーマンカモミールが「母のハーブ」の意味を持つのは、カモミールティーが妊娠中も出産後も飲めることからきています。また聖ヨハネの日（Johannistag / 6月24日）に摘み取られたものには、特に強い力が宿るといわれています。

使用部分	花
作用	抗炎症　免疫向上　解毒　痛みや痙攣をやわらげる
	鼓脹（おなかにガスがたまって膨れる）を抑える　気持ちを落ち着かせる
注意点	子供はときどきアレルギー反応が出ることがあります。
	キク科のアレルギーの方は注意してください。
使用例	内服：ポットなどに小さじ3杯のジャーマンカモミールの花（ドライもしくは生）を入れて、熱湯250mlを注ぎ、ふたをして15分ほど蒸らします。
	1日3～4回飲むといいでしょう。ミルクを加えてもかまいません。
	外用：カモミールオイルやチンキを作り（71ページ参照）、化粧水やバームなどに使用します。

セージ

学名：Salvia officinalis

Salbei

シソ科。ソーセージや肉料理に使われるキッチンハーブとしてよく知られるセージは、ヨーロッパでは非常に多用されるハーブです。旅行の際に、セージの飴などが売られているのを見たことがある方もいらっしゃるかもしれません。
引き締め作用を持つタンニンや、食欲を促進したり消化を助ける苦味質などを含み、古くから薬用に使われてきました。近年はセージに含まれる成分がアルツハイマーや痴呆によいとされ、研究が進んでいます。
ラテン語のsalvareは「治す」、salvereは「健康」という意味で、そこからSalbeiというドイツ語名がつきました。また、かつてドイツの家庭では、乾燥させたセージを束にしたものを、魔除けとしてドアに吊るしていました。
セージには非常に多くの種類があり、薬用に使われるセージ（Salvia officinalis）を他のセージと区別するために、「コモンセージ」と呼ぶ場合もあります。

使用部分	葉
作用	のどの痛みをやわらげる　頭皮の荒れを整える
注意点	妊娠中は使用を控えます。
使用例	内服：ポットなどに小さじ1杯のセージの葉（ドライもしくは生）を入れて、熱湯150mlを注ぎ、ふたをして15分ほど蒸らします。1日3～4回飲みます。うがいに使ってもいいでしょう。 外用：セージチンキを作り（71ページ参照）、頭皮用化粧水などに使用します。

セントジョーンズワート

学名：Hypericum perforatum

Johanniskraut

テリハボク科 。ドイツではカプセルやタブレットの形で薬局でも販売され、心を明るくしてくれるハーブとして広く認知されています。聖ヨハネの日の頃に美しい黄色の花を咲かせ、そこから「ヨハネのハーブ」を意味するJohanniskraut というドイツ語名がつけられました。花を摘み取ると手に赤い汁がついて指先が真っ赤に染まりますが、この赤い色素がヒペリシンという有効成分で、気持ちを落ち着かせる働きがあります。また、引き締め作用を持つタンニンやフラボノイドなどを含み、皮膚が炎症を起こしたときや、けがをしたときなどに外用で用いられます。花をオイルに漬け込んで作るセントジョーンズワートオイル（70 ページ）もドイツではよく知られています。ドイツでは「ヨハネのハーブ」の意味から、セントジョーンズワートは悪い霊などを追い払うと言い伝えられています。

使用部分	ハーブティー：花が咲いている地上部全草
	セントジョーンズワートオイル：花のみ
作用	内服：抗うつ　気持ちを明るくする（ただし6週間以上の使用を要する）
	外用：傷　やけどの治りを促進する　ぎっくり腰　体の痛み　腰痛
	日焼けの炎症をやわらげる
注意点	大量に使用すると光過敏症を引き起こすことがあります。すでに安定剤
	などを服用している場合は、医師に相談の上で使用してください。
使用例	内服：ポットなどに小さじ2杯の花（ドライもしくは生）を入れて、熱湯
	150ml を注ぎ、ふたをして 10 分ほど蒸らします。1日2回飲みます。
	気持ちを明るくするために内服する場合は6週間をめどに続けてください。
	外用：セントジョーンズワートオイルを作り（70、110 ~ 111 ページ参照）、
	マッサージオイルなどに使用します。

ダンディライオン

学名：Taraxacum officinale

Löwenzahn

キク科。日本にも多く生えているヨーロッパ原産の外来種のタンポポ（西洋タンポポ）です。日本の在来種のタンポポとの違いは、総苞（花びらのつけ根のがくのような部分）の形状で、総苞が反り返って下がっているのが西洋タンポポです。道端でタンポポを見かけたら、花の裏を見てください。
ヨーロッパでは古くから葉を食用にし、春にサラダとして食べます。また、花を使ってタンポポ蜂蜜を作ったり、根をハーブティーとして利用してきました。根には体の代謝をよくする苦味質や、引き締め作用のあるフラボノイドなどが含まれます。根を乾燥させてローストした「タンポポコーヒー」は、ノンカフェインコーヒーとして飲まれています。
ドイツの魔女の言い伝えでは、ダンディライオンで体をこするとすべての願いが叶うとされています。

使用部分	根、花、葉
作用	利尿　コレステロールの代謝を助ける　新陳代謝を助ける
注意点	胃が弱い人は飲み過ぎないようにします。 キク科のアレルギーの人は注意してください。
使用例	内服：小鍋に小さじ 2 杯のダンディライオンの根（ドライもしくは生）と水250ml を入れ、15 分ほど煮てコーヒーフィルターで漉します。これを1日 2 回飲みます。デトックスを目的に内服する場合は 1 カ月をめどに続けてください。

デイジー

学名：Bellis perennis

Gänseblümchen

キク科。ヨーロッパ原産で、ドイツでは草地や道端などでよく見かける野草です。春～初夏に小さな白い花を咲かせます。

見た目がかわいいデイジーは、ハーブとしても活躍します。皮膚の炎症を鎮めるとされるサポニンや、血管を引き締める働きがあるフラボノイド、同じく引き締め作用を持つタンニンなどを含み、化粧水やバームなどに使われるほか、ヘルペスにもいいとされます。

また、花をハーブティーにして、気管支に炎症があるときや咳が出るときに飲んだりします。花をつぼみの状態で摘んで乾燥させておくと、湯を注いだときに花が咲くように開きます。

花の時期が長く、とてもきれいなので花を楽しむためだけに植えてもいいですね！　ガーデニング初心者にも育てやすい植物です。

使用部分	花、葉
作用	傷をいやす　抗炎症　ヘルペスの緩和 気管支の炎症や咳が出るのをやわらげる
注意点	キク科のアレルギーの人は注意してください。
使用例	内服：ポットなどに小さじ2杯のデイジーの花（ドライもしくは生）を入れて、熱湯250mlを注ぎ、ふたをして15分ほど蒸らします。1日2回飲むといいでしょう。

ナスタチウム

学名：Tropaeolum majus

Kapuzinerkresse

ノウゼンハレン科。初夏～秋に、赤や黄色、オレンジ色などのきれいな花を咲かせます。新鮮な花や葉にはピリッとした辛みがあり、日本でもエディブルフラワー（食用花）として利用されています。ドイツでは花をサラダに入れて食べるほか、夏に花と実、少量の葉を白ワインビネガーに3週間ほど漬け込んで、ハーブビネガーを作ります。
また、葉をホワイトリカーに2～3週間漬けて作るチンキは、のどなどの呼吸器系の炎症にいいとされ、風邪のときにごく少量ずつ飲んだり、うがいに使ったりします。
ナスタチウムは各種のビタミンのほか、肌や粘膜に刺激を与え、免疫力を高める作用を持つグルコシノレートという成分を含むのが特徴です。抗菌作用もあり、ナスタチウムなどグルコシノレートの多い植物は「天然の抗生物質」と呼ばれたりします。とても育てやすく、花が色鮮やかなので、植えるだけで庭が華やかになります。どんどん広がって庭を侵食してしまうので、その点は要注意ですが。

使用部分	地上部
作用	抗菌　呼吸器系の炎症をやわらげる
注意点	長期間の使用は避けるようにします。
使用例	内服：ポットなどに小さじ2杯のナスタチウムの葉（ドライもしくは生）を入れて、熱湯250mlを注ぎ、ふたをして15分ほど蒸らします。1日2回飲むといいでしょう。

ブルーマロウ

学名：Malva sylvestris

Malven

アオイ科。初夏から夏に紫色の花を付けます。ブルーマロウの花のハーブティーは、お湯を注いだ直後は青色をしているのですが、やがて茶色に変わります。そして、レモンを加えると、酸性になることで色がピンクに変わります。こうした変化から、ハーブティーの色を楽しみたい人に人気があります。それだけではなく、ブルーマロウに多く含まれる粘液質には、粘膜を保護して刺激から守る働きがあるため、ドイツではのどが炎症を起こしたり、せきが出たり、胃が荒れているときなどにハーブティーを飲んだり、抽出液でうがいをしたりします。

ちなみにブルーマロウは、ドイツでは「しょんべん花（Pissblumen）」とも呼ばれています。これは利尿作用があるからではなく、かつてはこのハーブで妊娠検査をしていたからです。ブルーマロウの上に尿をして、数日して枯れたら妊娠はしていない、緑のままきれいに残ったら妊娠していると言われていたようです。

使用部分	根、葉、花
作用	のどの炎症をやわらげる　咳を抑える
	胃腸の炎症をやわらげる
注意点	特になし
使用例	内服：ポットなどに小さじ2杯のブルーマロウの葉もしくは花（ドライもしくは生）を入れて、熱湯250mlを注ぎ、ふたをして15分ほど蒸らします。1日2回飲みます。

ペパーミント

学名：Mentha piperita

Pfefferminze

シソ科。日本でもよく知られているポピュラーなハーブです。スーッとする清涼感のある香りや感触は、メンソールという成分によるもの。ペパーミントは、スペアミントなどの他のミントよりもメンソールを多く含むため、爽快感が際立っています。ペパーミントから抽出された精油は、ナチュラルコスメでも活躍します（67ページ参照）。
夏に枝の先に白色や薄紫色の小さな穂状の花をつけますが、使用に適しているのは花が咲く前の葉です。ドライハーブにして保存する場合、メンソールは揮発しやすいため、葉を乾燥させてから細かくします。ドイツでは夏に生の葉をコップにたっぷり入れ、レモンを加えて氷を上からのせます。そうして作ったミントウォーターはとてもおいしいです。
日本にも在来種のミント（ニホンハッカ）がありますが、これは西洋種のミントとは異なります。ニホンハッカはメントールの含有量がとても多く、においが強すぎて、食用には向きません。

使用部分	花が咲く前の葉
作用	胸焼けや胃もたれをやわらげる　痛みの緩和
注意点	特になし
使用例	内服：ポットなどに小さじ1杯のペパーミントの葉（ドライもしくは生）を入れて、熱湯150mlを注ぎ、ふたをして10分ほど蒸らします。1日2回飲むといいでしょう。

ホップ

学名：Humulus lupulus

Hopfen (-zapfen)

アサ科。ドイツは言わずと知れたビール大国。ホップはそのビールの原料として有名ですね。使われるのは松かさのような形をした花の部分で、ビール独特の香りや苦みのもとになっています。
そんなホップは、ドイツではハーブティーとしてもよく飲まれています。心を落ち着かせてリラックスさせる作用や、胃腸の働きを促す作用があり、不安なときや眠れないとき、緊張して胃が痛いとき、食欲がないときなどに用いられます。
ホップは寒冷な場所を好み、暑さに弱い植物です。ドイツでは庭で育てている人も多いのですが、夏が暑い日本では一般的に栽培が難しいため、ドライハーブのホップを購入するといいでしょう。

使用部分	つぼみ　花
作用	安眠　不眠症の改善　鎮静　気持ちを落ち着かせる
	神経性の胃痛をやわらげる　食欲促進
注意点	前立腺に痛みがある人は多用を避けるようにします（大量摂取しなければ
	大丈夫です）。
使用例	内服：ポットなどに小さじ2杯のホップの花もしくはつぼみ（ドライ）を
	入れ、熱湯250mlを注ぎ、ふたをして15分ほど蒸らします。1日2
	回飲みます。
	外用：リネンの布に、ホップの花もしくはつぼみ（ドライ）を入れて小さ
	なクッションを作り（Hopfenkissen: ホップクッション）、枕元に置きます。
	ホップにラベンダーやレモンバームを加えてもいいでしょう。

マーシュマロウ

学名：Althaea officinalis

Eibisch

アオイ科。ブルーマロウ（18ページ参照）と同じくマロウの仲間ですが、ブルーマロウがMalva属に分類されるのに対し、マーシュマロウはAlthaea属です。マーシュマロウはマロウの中でも、特に薬効の高いハーブとされています。属名のalthaeaはギリシャ語のalthaino（「私は治す」の意味）からきていると言われ、古くから重要なハーブであったことがわかります。
根の部分に粘液質を豊富に含み、粘膜を保護する働きにすぐれていることから、咳やのどの痛みなどの呼吸器系のトラブルでよく用いられます。
ちなみにお菓子のマシュマロは、もともとはマーシュマロウの根の粉末を原料に作られたもの。そこからマシュマロの名が付きました。

使用部分	根
作用	呼吸器系の炎症（咳、のどの痛みなど）をやわらげる
注意点	特になし
使用例	内服：ポットなどに小さじ2杯のマーシュマロウの根（ドライ）を入れて、熱湯250mlを注ぎ、ふたをして15分ほど蒸らします。1日2回飲むといいでしょう。

マリーゴールド

学名：Calendula officinalis

Ringelblumen

キク科。ドイツのナチュラルコスメでは“マストハーブ”です。花の時期が長く、とても育てやすいのですが、マリーゴールドとして売られているものには観賞用の品種もあるため、購入時にはラテン語名（学名）を確認してください。ハーブとして使われるものは「ポットマリーゴールド」「カレンデュラ」とも呼ばれます。花の色はオレンジ色と黄色が一般的で、それぞれの色の花を別々にオイルに浸けると、オレンジ色と黄色のクリームやバームが作れます（成分は同じです）。肌の炎症を抑える作用を持ち、赤ちゃんから敏感肌、傷んだ肌にも使える万能ハーブです。また、目の健康を守るルテインなどの成分を含み、ハーブティーとしてもよく飲まれます。
ところで、「好き、きらい、好き、きらい……」。昔、花びらをちぎってそんな占いをしたことはありませんか？　マリーゴールドはそのときに使われる花なのです。もし「嫌い」になってしまったら？　ドイツではマリーゴールドの種を好きな人の歩いた足跡にまくと、その人が帰ってくると信じられています。

使用部分	花
作用	傷の治りを助ける　肌の炎症を抑える　目の疲れをやわらげる
注意点	ごくまれにアレルギー反応が出ます。
	キク科のアレルギーの人は注意してください。
使用例	内服：ポットなどに小さじ 3 杯のマリーゴールドの花（ドライもしくは生）
	を入れて、熱湯 250 ml を注ぎ、ふたをして 15 分ほど蒸らします。1
	日 2 回飲むといいでしょう。
	外用：マリーゴールドオイルを作り（70 ページ参照）、バームなどに使用
	します。

ヤロウ

学名：Achillea millefolium

Schafgarbe

キク科。種や苗を購入するときは、ラテン語名（学名）に注意してください。日本で売られているものはmillefoliumではないものが多くあります。初夏から初秋に白色や黄色、ピンク色の花が咲きますが、ドイツの植物療法で使用されるのは白色の花のみです。抗菌・抗炎症作用のあるアズレンや、引き締め効果のあるタンニン、痛みをやわらげるサリチル酸などの成分を含むことから、炎症のある肌や敏感肌に用いられます。また、胃腸の働きを高める苦味質を含み、ハーブティーとしても飲まれます。
ヤロウにはとても多くの言い伝えが残されています。millefoliumには「1000もの葉」という意味があり、悪魔が葉を数えているうちに、悪さをすることを忘れてしまうと言われます。そうしたことから、ヤロウの入ったお守りは悪魔を追い払ってくれるとされています。

使用部分	花の咲いた地上部（主に花）
作用	外用：肌の炎症を抑える
	内服：消化器官を元気にする　気持ちを落ち着かせる
	女性特有の悩みに（更年期など）
注意点	アレルギー反応を示すことがあります。キク科のアレルギーの人は注意
	してください。また胃炎がある人や、妊娠中の方は控えるようにします。
使用例	内服：ポットなどに小さじ2杯のヤロウの地上部（ドライもしくは生）を
	入れて、熱湯250 mlを注ぎ、ふたをして15分ほど蒸らします。1日
	3～4回飲むといいでしょう。
	外用：ヤロウオイルやチンキを作り（71ページ参照）、化粧水やバームな
	どに使用します。

ラベンダー

学名：Lavandula angustifolia/ officinalis

Lavendel

シソ科。初夏に紫色の穂状の花を付け、甘く清々しい香りを漂わせるラベンダー。とても人気の高いハーブで、「ハーブといえばラベンダー!」と思われる方も多いのではないでしょうか？ 地中海沿岸原産の多年草で、歴史も古く、じつに3000年も前から香水として使用されていたといわれています。
種類が多く、イングリッシュ系、フレンチ系、ラバンジン系などに大別されます。薬用ハーブとして最もすぐれているとされるのはイングリッシュ系（angustifolia 系）で、「イングリッシュラベンダー」「コモンラベンダー」とも呼ばれます。ラベンダーから抽出された精油（41ページ参照）やラベンダー水（66ページ参照）は、ナチュラルコスメで活躍し、特に炎症のある肌やオイリー肌に向いています。
また、ラベンダーの香りにはリラックス作用があるので、眠れないときや心が落ち着かないときにおすすめです。ポプリにして枕元に置いたり、ハーブティーとして飲んだりするといいですね。

使用部分	花
作用	安眠　不眠症の改善　鎮静　気持ちを落ち着かせる　抗炎症
注意点	ごくまれにアレルギー反応が出ることがあります。
使用例	内服：ポットなどに小さじ2杯のラベンダーの花（ドライもしくは生）を入れて、熱湯250mlを注ぎ、ふたをして10分ほど蒸らします。1日2回飲むといいでしょう。
	外用：リネンの布に、ラベンダーの花（ドライ）を入れて小さなクッションを作り、枕元に置きます。

レモンバーム

学名：Melissa officinalis

Zitronenmelisse

シソ科。レモンのような爽やかでやさしい香りを持ち、「メリッサ」とも呼ばれます。レモンバームの香りは心を落ち着かせるとされ、とくに興奮を静める作用にすぐれているといわれます。イライラしているときには、レモンバームのハーブティーを飲みましょう。さらにレモンバームの葉を入れたお風呂に入るといいでしょう。

また、引き締め作用のあるタンニンやフラボノイドを含み、荒れた肌によいとされます。タンニンは唇に疱疹ができるヘルペスに効果があるといわれるので、レモンバームオイルを使ったリップクリームもおすすめです。

使用部分	地上部全草（特に葉を使用）
作用	鎮静　気持ちを落ち着かせる　ヘルペスの緩和
注意点	特になし
使用例	内服：ポットなどに小さじ2杯のレモンバームの葉（ドライもしくは生）を入れ、熱湯250mlを注ぎ、ふたをして15分ほど蒸らします。1日2回飲みます。シロップを作り（レモンバーム1束に5Lの水、125gのクエン酸、輪切りにしたレモン2個を加えて24時間漬け込み、翌日レモンバームとレモンを取り出して、3kgの砂糖を入れて軽く煮立せます。びんに入れて保管すれば1年間くらい保存可能）を飲み物やデザートなどに使ってもいいでしょう。 外用：レモンバームオイルを作り（70ページ参照）、リップクリームに使用します。

ローズヒップ

学名：Rosa canina

Hagebutte／Hundrose

バラ科。バラの花が咲いたあとにできる実です。ローズヒップ用の品種であるRosa caninaは「ドッグローズ（イヌバラ、イヌノイバラ）」とも呼ばれ、ワイルドローズの一種。普通のバラとは見た目が異なり、一重の素朴な花を咲かせます。
栄養価が高く、特にビタミンCは生のローズヒップ100gに400～500mgも含まれ、これはレモンの4～5倍です。ほかにビタミンB群やビタミンE、β-カロテンなども多く、まさに天然のサプリ！　豊富なビタミン類の働きで抗酸化作用にすぐれ、免疫力アップ、アンチエイジングに役立つとされます。また水溶性食物繊維のペクチンを含み、お通じをよくするデトックス作用も期待できます。
フルーティーな香りと酸味を持つローズヒップはハーブティーにぴったりで、ジャムやデザートにも向いています。

使用部分	実
作用	便通を促す　風邪予防
注意点	取りすぎるとお腹がゆるくなることがあります。
使用例	内服：ポットなどに小さじ2杯のローズヒップ（ドライ）を入れて、熱湯250 mlを注ぎ、ふたをして15分ほど蒸らします。1日2回飲みましょう。ハイビスカスとブレンドするとさらによく、ローズヒップのビタミンとハイビスカスのクエン酸が体に元気を与えてくれます。ローズヒップ小さじ1杯+ハイビスカス小さじ1杯に熱湯250mlを注ぎ、同様に15分ほど蒸らします。

ローズマリー

学名：Rosmarinus officinalis

Rosmarin

シソ科。ヨーロッパの家庭の庭に欠かせないハーブです。料理にはもちろん、薬用としても広く利用されています。
肌を引き締める作用や炎症を抑える作用にすぐれ、特にオイリー肌やニキビ肌に向くほか、血行促進や抗菌の作用もあり、頭皮や髪、口内のケアにも適しています。ナチュラルコスメでも、ローズマリーのハーブ水や精油は主要なアイテムです（66ページ参照）。ローズマリーの清々しく刺激的な芳香は、頭をすっきりリフレッシュしてくれます。
キッチンハーブとしては、ニンニクなどと一緒にオイルに漬け込んでハーブオイルにするのもよし、肉と一緒に焼いて香りづけするのもよし。胃腸の機能をよくする苦味質を含むので、食欲促進や消化を助ける働きもあります。
とても育てやすく、常緑性で一年を通して生葉が摘め、挿し木で増やすこともできます。ぜひ育ててみてください。

使用部分	葉
作用	抗炎症　抗菌　頭皮の荒れを整える　頭痛の緩和
注意点	血圧が高めの人は多用しないようにします。
使用例	内服：ポットなどに小さじ2杯のローズマリーの葉（ドライもしくは生）を入れて、熱湯250mlを注ぎ、15分ほど蒸らします。1日2回飲みます。うがい薬として使用してもいいでしょう。 外用:ローズマリーチンキを作り（71ページ参照）、化粧水や髪用スプレーなどに使用します。

アニス
学名：
Pimpinella anisum

Anis

セリ科の植物で、主に種子が用いられるハーブです。独特の甘い芳香を持ち、ドイツではパンやケーキ作りによく使わます。
消化を促す作用があり、お腹にガスがたまって張っているときなどに、フェンネルやクミンと一緒にハーブティーにして飲みます。なお、中国料理でよく用いられるスターアニス（Illicium verum）は全くの別物なので注意してください。ちなみにスターアニスはドイツではクリスマスの香辛料の定番です。

内服：ポットなどに小さじ1杯のアニスと小さじ1杯のフェンネルを入れて、熱湯250mlを注ぎ、ふたをして15分ほど蒸らします。1日2回飲むといいでしょう。胃腸が弱っているときにおすすめで、ヒルデガードフォンビンゲン（92ページ参照）も愛飲したハーブティーです。

ジュニパーベリー
学名：
Juniperus communis

Wacholder

セイヨウネズという針葉樹の実で、乾燥させたものがスパイスとして用いられます。
ドイツ料理のSauerkraut（ザウアークラウト/キャベツの酢漬け）やGin（お酒のジン）の香辛料として有名です。
デトックスしたいときにハーブティーとして飲みます。ただし、腎臓が悪い方は控えてください。
またドイツでは、悪魔を追い払い、悪魔から守ってくれるインセント（お香）としても利用されます。

内服：小さじ1杯のジュニパーベリーをつぶして、ダンディライオン小さじ1と混ぜます。これをポットなどに入れ、熱湯250mlを注ぎ、ふたをして15分ほど蒸らします。1日2回飲むといいでしょう。デトックス用のお茶です。

タイム

学名：
Thymus vulgaris

Thymian

シソ科の代表的なキッチンハーブの一つで、ピリッとした清々しい風味があります。
Thymus はギリシャ語の thymos（生きる力）からきています。その名の通り、「力強さ」を持ち合わせたハーブで、強壮作用があるといわれます。
気管支系のトラブルがあるときや風邪の予防にハーブティーとして飲まれますが、お茶で飲むよりも料理で使われるほうが一般的です。ブーケガルニとして煮込んだり、肉や魚介のくさみ消しに適し、ハーブオイルやハーブビネガーなどにも向いています。
ただし、高血圧の方や心臓に問題のある方は、控えるようにしてください。ドイツでは「守る力」を与えてくれるインセントとしても利用されます。

フェンネル

学名：
Foeniculum vulgare

Fenchel

セリ科のハーブです。細かくやわらかい羽毛のような葉は魚料理やスープなどに、種はパンやクッキーに混ぜ込んだり、ピクルスなどの風味づけに使われます。
フィトエストロゲン（女性ホルモンのような作用を持つ植物性エストロゲン）を含み、母乳の出をよくすることが知られているので、授乳中の方におすすめです。また、お腹にガスがたまって張っているときには、フェンネルにアニスやクミンを合わせたハーブティーがよく飲まれます。

内服：ポットなどに小さじ1杯のフェンネルと小さじ1杯のアニスを入れて、熱湯 250 ml を注ぎ、ふたをして 15 分ほど蒸らします。1日2回飲みます。胃腸が弱っているときによく飲まれるお茶です。

Kolumne 1

ドイツで親しまれている
ユニークなハーブ

アンジェリカ

ここではドイツで好まれている、ちょっとユニークなハーブを紹介します。
まず一つめはアンジェリカです。「魔女のインセント」としてよく使用されます。出口が見えないと悩んでいるときに、このアンジェリカを焚くと、天使が正しい方向に導いてくれるといわれています。
インセントにはアンジェリカの根を洗って乾かしたものを用います、ドイツのお香は煙でいぶすことで悪魔を追い払うと信じられているので、アンジェリカの根に火をつけ、玄関や、部屋などで焚きます。もし行う場合には、火の取り扱いには注意してくださいね。
アンジェリカの根をオリーブオイルに漬け込んで、天使のお守りバーム（83ページ参照）に使用したりもします。

二つめはリンデンです。リンデンもハーブとして使われます。リンデンはドイツで最も有名な木の一つですが、それは、かつてリンデンが「聖なる木」と言われていたからでしょう。裁判で判決が下った際には、その判決が神聖なものだと証明するために「gegeben unter der Linde／日付」、つまり「リンデンの木の下での判決」として日付を記したほどです。
リンデンは粘液質が多く、そのハーブティーはドイツでは「汗をかかせるお茶」として知られます。風邪をひいたときには、リンデンのお茶がおすすめです（33ページ参照）。

三つめはミルクシスルです。お酒を飲む方向けのハーブとして有名です。日本名ではマリアアザミと呼ばれています。エキスが出やすいように種をつぶして使用します。ドイツの有名な医師 Rademacher はミルクシスルの種をアルコールに漬け込んで、肝機能に問題のある人に使い、成果があったと発表しています（Erfahrungsheilkunde / 1851）。それ以降、ミルクシスルのアルコール抽出液（チンキ）は「Tinctura Cardui Mariae Rademacher」（ラーデマッハーのマリアアザミチンキ）と呼ばれます。小さじ１のつぶしたミルクシスルにお湯を150ml注ぎ、10分待って飲んでもいいでしょう。

リンデン

マリアアザミ

Memo 1　さまざまな症状に合わせて ハーブティーを飲みましょう!

ハーブティーは単品で飲んでもいいのですが、ブレンドすることでより効能が高まったり、深い味わいが楽しめます。
ブレンドの仕方はとても簡単。基本的にドライハーブを使用し、まずはベースになるハーブを選びます。自分の味の好みに合わせてもいいですし、効能をメインに選んでもかまいません。たとえばすっきりしたお茶が飲みたい場合は、ペパーミントをベースにします。
このベースをポットなどに全体量の50%入れ（たとえば全体量が小さじ2としたら、ベースは小さじ1です）、あとはトッピングのハーブを2～4種類入れていきます。合わせて5種類までになるようにしましょう。

デトックス、むくみが気になる人に

食事のときに飲めるデトックスティーとして。
ほうじ茶：小さじ1（ベース）
ダンディライオン：小さじ½
ネトル：小さじ½
を混ぜ合わせ、熱湯250 mlを注いで15分ほど蒸らします。
食事と一緒にどうぞ。

咳、のどの不調に

秋や冬など乾燥が気になる時期におすすめ。
これは2回分の量です。

緑茶：小さじ2（ベース）
マーシュマロウ：小さじ½
デイジー：小さじ½
甘草（リコリス）：小さじ½
セージ：小さじ½
を混ぜ合わせ2等分します。1回分のハーブ（小さじ2）に
熱湯250mlを注いで15分ほど蒸らします。

風邪のひきはじめに

風邪をひきそうになったら、エルダーフラワーベースのお茶を。

エルダーフラワー：小さじ 1（ベース）
リンデン：小さじ ½
カモミール：小さじ ½

を混ぜ合わせ、熱湯 250ml を注いで 15 分ほど蒸らします。
温かいうちに飲みましょう。

頭が重いときに

ミントの爽やかな風味が頭をすっきりさせてくれます。

ミント：小さじ 1（ベース）
ローズマリー：小さじ 1

を混ぜ合わせ、熱湯 250ml を注いで 10 分ほど蒸らします。
冷ましてから飲んでも OK です。

胃がずきずきするとき、お腹をこわしているときに

胃腸の調子が悪いときはミントをベースに、アニス、フェンネルを加えましょう。ヒルデガードフォンビンゲン（92 ページ参照）の時代から飲まれている、アニスとフェンネルの組み合わせは、胃腸だけでなく心もおだやかにしてくれます。

ミント：小さじ 1（ベース）
アニス：小さじ ½
フェンネル：小さじ ½

を混ぜ合わせ、熱湯 250ml を注いで 15 分ほど蒸らします。

気分が沈む、眠れないときに

心配事があって眠れない夜もあります。また心が沈んで何もしたくない日も。そんなときにはレモンバームをベースにしたお茶を飲んで、心を落ち着かせましょう。これは 2 回分の量です。

レモンバーム：小さじ 2（ベース）
セントジョーンズワート：小さじ ½
バレリアン：小さじ ½
パッションフラワー：小さじ ½
カモミール：小さじ ½

を混ぜ合わせ 2 等分します。1回分のハーブ（小さじ 2）に熱湯 250ml を注いで 15 分ほど蒸らします .

Kolumne 2 インタビューコラム

ナチュラルコスメの第一人者
Heike Käser（ハイケ・ケーザーさん）

ドイツにおいて手作りコスメを作っている人は、誰もが知っているハイケ・ケーザーさん。ナチュラルコスメの本を多数出版し、資格も取得できる手作りコスメの学校 Olionatura を設立、代表を務めていらっしゃいます。そんなハイケさんにお話を伺いました。

— ハイケさんは手作りコスメの分野で第一線にいらっしゃいますが、なぜそもそも手作りコスメを始められたのですか?

それはまず、第一に植物が大好きだということにあると思います。まだ私が15歳だった頃、よく犬を連れて近くの野原や草原に行き、植物を観察していました。そして、その植物を図鑑と照らし合わせて、「私の家の近くには何という植物が育つのだろう?」と図鑑を読みふけっていました。ゲーテは「人は知っているものしか見ない」と言っていますが、私にとっても「植物の名前を知る」ことが「植物を理解する」ことにつながっていたのです。そして数ある植物の中で私が最初に興味を持ったのは「ナズナ」でした。私の手元にある図鑑にも載っているような素晴らしい薬草が、こんなにも近くに生えていることが驚きだったのです。こうした思いが植物に対する深い思いへとつながって今に生きているのだと思います。

— その植物をコスメに取り入れようと思ったきっかけは何ですか?

70年代の終わりに私の家の近くにとても著名なGrey Kreyという人のハーブハウスがありました。Grey Kreyはハーブについて詳しく、また植物に関してのワークショップを行っていたのですが、私はお小遣いを投じてそこに通っていました。そのハーブハウスに入った瞬間にタイムやカモミール、ローズマリー、ネトル、ブラックベリーなどのハーブの香りが出迎えてくれました。これらのハーブはお茶としてだけではなく、リンスの材料や、フェイスマスクにも使用されました。そこで植物を使うことが自分の体や肌の調子を整えてくれると気づいたのです。ハタヨガとも一致することだと思うのですが、内側と外側が一致する感覚ですね。

— そして本格的にコスメ作りを始められたのですね。

そうですね。当時本を読むことが好きで、Stephanie Faberという人の本も読んで植物の簡単な使用や加工法を勉強したのですが、あまりうまくいきませんでした。ただこの経験が私の将来を決めるものとなったのです。事業のアイデアを温め続け、ようやく2006年にOlionaturaを設立しました。Olionaturaは、カリキュラムは独自のものですが、資格を付与できる学校です。

— Olionaturaにも現在たくさんの生徒がいらっしゃると思うのですが、なぜ手作りコスメはドイツをはじめヨーロッパでは人気なのでしょうか?

そこにはいくつかの理由があると思います。まず第一に、「手作り」そのものに人気が集まってきていること。今の世の中では何でも買うことができるので、その中で「誰でも買えるもの」から「世界に一つしかないもの」に興味が移ってきているのだと思います。

また、コスメの中に含まれる化学物質に対する消費者の不安があるのだと思います。売られているコスメの成分を毎回チェックして選ぶより、手作りのほうが「簡単でよいもの」ができて安心だということもあるでしょう。

コスメ作りに興味を持って取り組んでいる人は誰でも、売っているものにも劣らないような素晴らしいコスメを作ることができます。その証拠に私の生徒の多くが長年悩んでいた肌の問題を改善できたと報告してくれます。きちんとした知識を持ってコスメを作れば、ほんの数週間でよい状態に持っていくことができ、またもともと自分の肌に備わっている、自分で自分を治す力を取り戻すこともできます。これは肌の「症状」ではなく「問題の根本」を見つめて、そこを

正すということにあるとも言えます。特に植物オイルやバターはそういう意味で、非常に重要な役割を果たしてくれます。

―手作りコスメによって肌が改善するというのは私もよく聞きます。他にも手作りコスメの良さを教えてください。

手作りコスメという趣味は、私たちの五感すべてに訴えてくるのだと思います。精油の香り、さまざまな色を持つ植物オイル、そしてなめらかなローションからしっとりしたクリームまで、作ること自体が五感を刺激するのです。なのでいつも「コスメを作る日」というのは私の楽しみですし、新しいオイルに出会うと何を作ろうかとワクワクします。手作りコスメは作るだけでもリラックスできますし、それ自体が肌だけではなく心にもよいのだと思います。

ハイケさんのホームページでは、Rührküche（コスメキッチンの意）というフォーラムがあります。ドイツ・ナチュラルコスメを作る人たちが集まる重要な場所で、主にドイツ語圏の人が手作りナチュラルコスメの情報を交換しています。すべてドイツ語ですが、登録は無料。新しい情報を得ることができたり、わからないことを質問をすれば、いろいろな人が答えてくれます。少しでもドイツ語が理解できれば、ドイツ・ナチュラルコスメの世界をもっと深めることができるでしょう。

Kapitel
2

初めてのナチュラルコスメ（初級編）

手作りのナチュラルコスメと聞いて

「なんだかむずかしそう」と、

気後れする必要はありません。

基本的には、ほぼ混ぜ合わせるだけ。

ここからは誰でも始められる

かんたんなレシピを

紹介します。

なぜ今「手作りナチュラルコスメ」なのでしょうか？

ドイツやオーストリアでは、「手作りナチュラルコスメ」が空前のブームになっています。手作りナチュラルコスメが肌にいいことは、広く知れわたっているのですが、ブームの陰には、ただ単に「肌にいい」だけではない、もっと深刻な理由が隠されています。少し堅い話になりますが、こうしたことも知っておいていただきたいと思います。

一つめは「売られているコスメに含まれる化学物質に対する不信感」です。

現在市販されているコスメは、多くの化学物質からできています。その中には保存剤に代表される、内分泌攪乱物質（環境ホルモン）が多く含まれています。内分泌攪乱物質とは体内で自然に作られるホルモンとは違い、人工のホルモンのような働きをする化学物質のことです。そうした物質が人体のホルモンに関係する器官に多大な害を及ぼしているのではないかと、WHOをはじめ多くの国や機関が調査し、警鐘をならしています。たとえば、防腐剤（保存料）のうち2種類の「パラベン」は、欧州全土で3歳以下の子供への使用が禁止されています。

また、デオドラント製品で多用されてきたアルミニウムは、乳がんなどの発がん性を持つ可能性があることがわかり、現在、ドイツのデオドラント製品はAluminiumfrei（アルミニウムフリー）があたりまえになっています。

このように、これまで「安全・安心」と言われていたものが、じつは危ないのではないか、と消費者は不信感をつのらせているのです。

二つめの理由として「環境への配慮」が挙げられます。歯磨き粉やスクラブに含まれる「目に見える小さなプラスチック」だけでなく、日常的に使われている多くの化粧品には、さらにミクロなプラスチックが含まれています。このようなプラスチックは「マイクロプラスチック」と呼ばれ、排水をろ過するフィルターをも通り抜け、海にそのまま注がれます。生態系を破壊するだけではなく、食物連鎖により、最終的には私たちの体内に取り込まれるのです。

そうした心配に加え、マイクロプラスチックが地球温暖化にも悪影響を与えていることが問題視されています。

以上のような理由がブームの根底にある「手作りナチュラルコスメ」。あなたも暮らしに取り入れて、自分にも環境にも優しい生活を始めてみませんか。

右ページ／近くの森で摘んできたカモミール。蒸留したり、乾燥してお茶にしたり。オイルやアルコールに漬け込んで使用します。

材料について

初めてのナチュラルコスメに必要な5つの基材

ナチュラルコスメの手作りは、けして難しくありません。基本的には「材料を混ぜ合わせるだけ」です。その材料として、最初に5つの基材を揃えましょう。この5つの基材と、スーパーマーケットやドラッグストアで買える材料を合わせれば、立派なナチュラルコスメが完成します!
なお、ハーブ水、精油、ミツロウ、シアバターは、購入できる場所を巻末に載せています。グリセリンはドラッグストアで購入できます。

ハーブ水

化粧水や水分が多いクリームなどで使用します。
ハーブ水とはハーブを蒸留して得られる蒸留水のことです。ハーブ水、ハーブウォーター、芳香蒸留水、フローラルウォーターなど、さまざまな呼び方で販売されていますが、すべて同じものです。本書では「ハーブ水」と統一します。購入する際は、アルコール（エタノール）や保存料を含まない、無添加・100%ナチュラルなものを選んでください。特に保存料を含むものが多く販売されているので、必ず成分をチェックするようにしましょう。また、同じ名前で呼ばれているハーブでも種類の違うことがあるため、学名を確認して購入してください。

初めてハーブ水を購入するなら、おすすめはローズ水です。

ローズ水

学名　Rosa damascena
主な作用　抗炎症 / 鎮静 / 傷の治りを促進
肌質　すべての肌質に

ローズの香りが苦手な方は、ネロリ水で代用してもいいでしょう。

ネロリ水

学名　Citrus aurantium L
主な作用　鎮静 / 細胞の代謝を促進
肌質　主に乾燥肌に

精油

ほとんどすべてのコスメで使用します。
精油はアロマテラピーでも使われているので、ご存知の方も多いでしょう。植物の芳香成分を抽出したもので、エッセンシャルオイルとも呼ばれます。近年はさまざまな場所で売られていて、値段も高いものから安いものまでありますが、ハーブ水と同様に、必ず学名を確認して購入してください。
また、精油は顔や体に使用する際は全体量の2%までとなっています。量を守って使用してください。

初めて精油をナチュラルコスメに使用するなら、おすすめはゼラニウムです。

ゼラニウム

学名　Pelargonium graveolens
主な作用　抗炎症 / 殺菌 / デオドラント
肌質　すべての肌質に

ゼラニウムの香りが苦手な方は、真正ラベンダーで代用してもいいでしょう。

真正ラベンダー

学名　Lavandula officinalis もしくは Lavandula angustifolia
主な作用　抗炎症 / 鎮静 / 殺菌 / デオドラント
肌質　オイリー肌に

ミツロウ

バームやクリームなどで使用します。
ミツロウはミツバチの巣から採取された動物性ワックスで、オイルを固める役割があります。ベーガン（完全ベジタリアン）の方は、ミツロウの代わりにキャンデリラワックス（67ページ参照）を使用してください。
ミツロウには「白色」と「黄色」の2種類があります。「白色」は精製されたもの、「黄色」は未精製のもので、精製されていないぶん、栄養がそのまま残っています。ただし、特に肌が敏感な方は「白色」のミツロウを選んでください。

グリセリン

化粧水やマウスウォッシュなどで使用します。
グリセリンはアルコールの一種で、とろりとした無色透明の液体です。吸湿性が高く、保湿力にすぐれた成分ですが、それだけではなく肌の保護作用もあるといわれています。水溶性で熱に弱い性質のため、湯せんした基材などには冷めてから入れるようにします。また入れすぎるとつけたときにべとべとした感じが残るので、注意してください。

シアバター

クリームやバームで使用します。
シアバターは、アフリカに生育するシアの木（シアバターノキ）の種子から得られる植物性油脂です。常温では固形（肌に塗ると体温で溶けて浸透します）のため、オイルではなくバターと呼ばれます。
シアバターには肌のうるおいを保つ働きがあり、肌を落ち着かせる作用も持ちます。どのような肌タイプの人にも使え、乾燥してバリアが壊れてしまった肌にも適しています。何も混ぜずにそのままクリームとして使用することもできます。
精製されたものと未精製のものの２種類がありますが、どちらを選んでもかまいません。精製されたものは、特に肌が敏感な人におすすめです。未精製のものは精製のものより栄養価が高く、より効果的なお手入れができます。

その他

スーパーマーケットやドラッグストアで購入できるものです。

オリーブオイル

ナチュラルコスメで一番多く使われるオイルです。オリーブオイルは、非常にゆっくり肌に吸収されます。また不飽和脂肪酸を多く含み、酸化しにくいのが特徴で、その性質からハーブのエキスを抽出する際のベースオイルとしても使用されます（70ページ参照）。食用のものはコスメ用のものに比べて粒子が大きいため、肌に浸透しにくく、オリーブのにおいも気になると思います。ドラッグストアで精製されたものが販売されているので、それを使用するといいでしょう。

ココナッツオイル

デオドラントコスメや虫よけ、日焼け止めなどで使用します。
室温ではたいてい固まっていますが、べとべとせず、肌触りが軽くて、よく広がるのが特徴。塗る際に熱を奪うので、ひんやりとした感触があります。食用のものはコスメ用に比べて粒子が大きく肌に浸透しにくいのですが、本書で紹介するコスメでは肌への浸透は特に必要ないので、食用でもOK。スーパーマーケットで購入可能。

消毒用エタノール（70～85%）

エタノールとはアルコールのことで、70～85%というのはアルコール濃度、また「消毒用」というのは「殺菌や消毒に適した濃度である」ということです。
ドイツのナチュラルコスメではアルコールが多用され、コスメの保存剤として使用するほか、コスメを作る道具を消毒したり、ハーブを浸けてチンキを作る際にも使います（70ページ参照）。70～85%であればどれでもいいのですが、本書では「消毒用エタノール（70%）」と記載します。ドラッグストアで購入できます（「消毒用エタノールIP」とあるものは、イソプロパノールという添加物が入っており、コスメ作りには適しません）。なお、ホワイトリカーなどのお酒（アルコール濃度35～40%）は、ナチュラルコスメではあまり使用されません（60～61ページ参照）。

重曹

デオドラントコスメや掃除ボールなどで使用します。ドラッグストアで購入可能。

クエン酸

掃除ボールで使用します。ドラッグストアのほか、100円ショップでも購入できます。

塩

バスソルトやマッサージソルトで使用します。料理に使っている塩（粗塩）でOK。

スキムミルク（パウダー）

バスミルクパウダーで使用します。食用のものです。

コーンスターチ

デオドラントコスメで使用します。食用のものです。

レモン / オレンジ / ユズの皮

バスソルト、マッサージソルトで使用します。必ず無農薬のものを選んでください。

精製水

化粧水やクリームなどで使用します。ドラッグストアで購入できます。

道具について

ナチュラルコスメ作りに必要な道具は4つだけです。これらがあれば、本書に紹介したすべてのコスメを作ることができます。
ただし清潔さを保つため、道具類は料理用のものとは別に「ナチュラルコスメ作り専用」として用意してください。ゴムベラやミニ泡立て器、耐熱容器は100円ショップでも購入できます。

デジタルスケール

0.01g単位で測れるものも市販されていますが、0.1g単位で測れるもので十分です。

ミニ泡立て器

バームやクリームなどを混ぜるときに使用します。

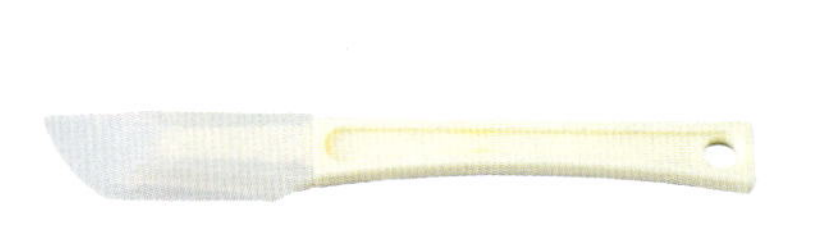

ゴムベラ

バームやクリームなどを混ぜるときや、できあがったコスメを容器に移すときなど、何かと使います。耐熱性のものを選んでください。

耐熱容器

材料を量ったり、混ぜ合わせたりするときに使います。湯せんにかける場合もあるので、耐熱温度が100℃以上のものを選んでください。口径15cm、深さ10cmくらいで注ぎ口があるものが使いやすいです。

作ったコスメを入れる保存容器は、市販のものを使っても、手持ちのものを利用しても、どちらでもかまいません。コスメ容器が購入できる場所は巻末に載せています。

始める前に

ナチュラルコスメを手作りする際の、基本的な注意事項です。

- ナチュラルコスメ作りでは清潔さが重要です。不純なものがコスメに混入すると、保存期間がぐっと短くなり、すぐに腐ってしまうため、十分に気をつけましょう。

- コスメを作り始める前に手をよく洗い、道具類と手をアルコール消毒してください。消毒用エタノール（70%）をスプレー容器に入れておき、耐熱容器やゴムベラ、ミニ泡立て器、手、コスメを作る際に使うテーブルなどに吹きかけて、キッチンペーパーでふき取ります。
コスメを入れる保存容器が手持ちのものなら、同様にアルコール消毒してください。市販の新品のコスメ用容器であれば、消毒する必要はありません。

- ナチュラルコスメは市販の製品のように合成保存剤を使用しないので、市販製品より腐りやすくなっています。なるべく3カ月以内に使いきりましょう。腐ってしまったときや、においや色がおかしいと感じたときには、捨てるようにしましょう。

- 本書では、目安として3カ月で使い切れるレシピを載せています。また、特別な記載がない限り、室温で保存できます。

ドイツの手作りナチュラルコスメの特徴

さまざまな国でナチュラルコスメが手作りされていますが、ドイツの手作りナチュラルコスメには以下のような特徴があります。

- レシピには必ず分量の割合を記載する
- 水を含むものには、保存料としてアルコールを入れる
- パームオイル、パーム核オイルは使用しない
- プラスチックはなるべく使用しない
- 100% ナチュラルな素材を使う
- 有効成分は植物から取る

まず、レシピには必ず割合（パーセント）を記載します。
欲しい分量はときに変わります。自分だけで使用するのであれば少量でよくても、今回は友達にもあげたいから少し多めに作りたい、ということがあるかもしれません。そんな場合にも「正確に分量を割り出せる」ように、割合を記載することになっています。ドイツらしい、きっちりした性格が表れていますね。

また、ナチュラルコスメは水（ハーブ水含む）を入れると、保存の期間がぐんと短くなってしまいます。保存期間を延ばすために、保存料としてアルコール（本書では消毒用エタノール 70%）を入れます。
ドイツでは、パラベンなどの人工保存料が環境ホルモンの働きをするという問題がよく知られており、特に保存料には敏感な人が多い印象です。アルコールはコスメを作る道具類を消毒したり、ハーブを漬け込んでエキスを抽出する役割も果たします。

そして環境問題の観点から、 パームオイルやパーム核オイルは使用しませんし、それ由来の基材も一切使用しません。 パームオイルやパーム核オイルは、東南アジア諸国の熱帯雨林を破壊して搾取されています。 そのような理由から、 ナチュラルコスメだけではなく、 手作りせっけんでもパームオイルは避けられています。

また、 やはり環境への配慮から、 プラスチック製品を使うこともなるべく避けます。ナチュラルコスメを入れる容器類だけではなく、ラッピングも同様です。見た目は悪くなっても紙でラッピングしたり、 少し高くてもガラスの容器を使用したりします。

ドイツのナチュラルコスメは、 基材にも大きなこだわりを持っています。 たとえば現在売られているさまざまな基材の中には、 化学合成品も多々あります。そのようなものを一切使わず、 100% 自然のものにこだわっているのです。

また、現在はさまざまな有効成分 (たとえばプラセンタ) も販売されていますが、そうしたものも使用しません。 植物をオイルやアルコールに漬け込んでエキスを取り、 それを最大限に生かします。

……このように見てくると、 ナチュラルコスメを作るだけで、 ドイツ人の性格が少し理解できそうな気がしませんか?

化粧水（すべての肌質に）

50g

Gesichtswasser

ローズ水はどんな肌質にも使うことができるオールマイティなアイテムですが、香りが苦手な方はネロリ水で代用できます。また香りがきついと感じたら、ローズ水を精製水で薄めて（1:1で混ぜ合わせます）使ってもかまいません。グリセリンで保湿力をプラスし、アルコールを加えることで保存性を高めています。

材料

ローズ水もしくネロリ水.............87%（43.5g）
グリセリン...................................3%（1.5g）
消毒用エタノール（70%）...........10%（5g）

作り方

1 保存容器をデジタルスケールにのせて、ローズ水もしくはネロリ水を量り入れます。
2 1にグリセリン、消毒用エタノールを量り入れます。
3 保存容器のふたをしめ、よく振って混ぜ合わせます。

美容バーム（すべての肌質に）

10g

Balsam

化粧水だけでは肌のうるおいを保つことができません。化粧水のあとにはこのバームを塗って、ハーブのエキスと水分を肌に閉じ込めましょう。
乳化剤が入っていないため、敏感肌の方も安心して使えるバームです。
とても伸びがいいので、少量を手に取って顔全体に広げるようにします。

材料

ミツロウ……………………10%（1g）
オリーブオイル……………………89%（8.9g）
精油（ゼラニウムもしくはラベンダー）………1%（0.1g）

作り方

1 耐熱容器をデジタルスケールにのせて、ミツロウ、オリーブオイルを量り入れます。
2 1を湯せんにかけて、ときどきゴムベラで混ぜ、ミツロウが完全に溶けたら（少々時間がかかります）、湯せんから上げます。
3 2をデジタルスケールにのせて、精油を量り入れて混ぜ、保存容器に移します。

美容バター（すべての肌質に）

10g

Gesichtsbutter

美容バーム（前ページ）はべとべとした感じがするという方には、こちらの美容バターがおすすめです。シアバターと精油だけで作るので、敏感肌の方にも向いています。シンプルなレシピですが、保湿力はとてもすぐれています。化粧水のあとに、少量を手に取って顔全体に広げるようにします。

材料

シアバター ....99%（9.9g）
精油（ゼラニウムもしくはラベンダー）.........1%（0.1g）

作り方

1 耐熱容器をデジタルスケールにのせて、シアバターを量り入れます。
2 1を湯せんにかけて、ときどきミニ泡立て器で混ぜ、クリーム状になったら湯せんから上げます。
3 2をデジタルスケールにのせて、精油を量り入れて混ぜ、ゴムベラで保存容器に移します。

リップクリーム

10g（リップスティック２本分）

Lippenpflege

オイルを使わずにシアバターで唇にうるおいを与えます。シアバターはオイルよりもしっかりうるおうので、冬には最適なリップクリームです。
またミツロウを加えることで。適度な硬さがプラスされます。

材料

シアバター ....84%（8.4g）
ミツロウ..15%（1.5g）
精油（ゼラニウムもしくはラベンダー）.........1%（0.1g）

作り方

1 耐熱容器をデジタルスケールにのせて、シアバター、ミツロウを量り入れます。
2 1を湯せんにかけて、ときどきミニ泡立て器で混ぜ、ミツロウが完全に溶けたら（少々時間がかかります）、湯せんから上げます。
3 2をデジタルスケールにのせて、精油を量り入れて混ぜます。ゴムベラで手早くリップスティック容器※2本に等分に流し込み、冷めて固まるまでそのまま置いておきます。

※リップスティック容器を購入できる場所は巻末に載せています。

ボディクリーム

50g

Körpercreme

冬になると体が乾燥して肌がかさかさになり、腕や脚がかゆくなることがあります。保湿性の高いシアバターを使ったクリームで、しっかりケアしましょう。オリーブオイルが入っているので、なめらかで伸びがよく、塗りやすくなっています。お風呂上がりに毎日きちんと塗ることで、肌あれやかゆみが防げますよ。

材料

シアバター ....59%（29.5g）
オリーブオイル...40%（20g）
精油（ゼラニウムもしくはラベンダー）.........1%（0.5g）

作り方

1 耐熱容器をデジタルスケールにのせて、シアバターを量り入れます。
2 1を湯せんにかけて、ときどきミニ泡立て器で混ぜ、クリーム状になったら湯せんから上げます。
3 2をデジタルスケールにのせて、オリーブオイルを量り入れ、よく混ぜ合わせます。
4 3に精油を量り入れてさらに混ぜ、ゴムベラで保存容器に移します。

デオドラントパウダー

30g

DEO-Puder

ドイツでは、アルミニウムを含んだデオドラント製品は乳がんを誘発する恐れがあるとして、ほとんど使われていません。アルミニウムの代わりに、においを抑える作用のある重曹を使ったデオドラントパウダーです。
わきの下や首もと、胸もとなど、幅広い箇所に使用できます。

材料

重曹……………………49%（14.7g）
コーンスターチ……………………50%（15g）
精油（ゼラニウムもしくはラベンダー）………1%（0.3g）

作り方

1 保存容器をデジタルスケールにのせて、重曹、コーンスターチを量り入れ、ふたをしめて振り混ぜます。
2 1に精油を量り入れ、さらによく振り混ぜます。

デオドラントクリーム

30g

DEO-Creme

ドイツのナチュラルコスメのデオドラントクリームでは、必ず使われている重曹とコーンスターチ。この二つの材料に、さらに抗菌作用があると言われるココナッツオイルを加えたクリームです。
アルミニウムフリーで、デオドラントパウダー（前ページ）同様、幅広い箇所に安心して使えます。

材料

ココナッツオイル............79%（23.7g）
ミツロウ...........................10%（3g）
重曹......................................5%（1.5g）
コーンスターチ......................5%（1.5g）
精油（ゼラニウムもしくはラベンダー）
....1%（0.3g）

作り方

1 耐熱容器をデジタルスケールにのせて、ココナッツオイルとミツロウを量り入れます。
2 1を湯せんにかけて、ときどきミニ泡立て器で混ぜ、ミツロウが完全に溶けたら（少々時間がかかります）、湯せんから上げます。
3 2をデジタルスケールにのせて、重曹、コーンスターチを量り入れ、よく混ぜ合わせます。
4 3に精油を量り入れてさらに混ぜ、ゴムベラで保存容器に移します。

バスソルト

100g

Badesalz

お風呂に塩を入れるだけで体が温まりやすく、さらに冷めにくくなります。特に冬に使用するといいでしょう。1回につきたっぷり100g使ってください。
乾燥花の代わりに、ドライハーブやハーブティーを加えてもよく、ハーブのパワーも取り込めます。

材料

粗塩……………………………99%（99g）
精油（ゼラニウムもしくはラベンダー）………1%（1g）
乾燥花（ラベンダー、ローズなど）…………適量

作り方

容器をデジタルスケールにのせて、粗塩、精油を量り入れ、乾燥花を加えてスプーンで混ぜ合わせます。
※容器やスプーンは料理用のものでかまいません。

お掃除ボール

63g

Reinigungsmittel

ドイツでは春に大掃除が行われます。 そこで大活躍するのがこの掃除ボールです。 重曹が油汚れや悪臭に、 クエン酸がカルキなどのこびりつきに威力を発揮します。 精油で香りをプラスすることで、 掃除が楽しくなりますよ!

材料

重曹……47.6%（30g）
クエン酸……47.6%（30g）
精油（ゼラニウムもしくはラベンダー）……4%（2.5g）
水……0.8%（0.5g）

作り方

1 ボウルをデジタルスケールにのせて、 重曹、 クエン酸を量り入れ、スプーンで混ぜ合わせます。
2 1に精油を量り入れて混ぜます。
3 2に注意深く水を量り入れて、 そっと混ぜます。 水を入れすぎると膨れ上がってしまうので、 必ず分量通りに入れてください。
4 ラップに少量ずつ（ゴルフボールくらい）取り、 ラップごと丸めて、 固くしっかりとしたボール状にします。

※ボウルやスプーンは料理用のものでかまいません。

使用方法

◎トイレの便器にボール1個を入れて1時間ほど置いておき、 その後ブラシなどで洗います。
◎ボールを器に入れてトイレなどに置いておけば、 脱臭剤にもなります。
◎お風呂の水垢やキッチンの油汚れにも使えます。汚れが気になる場所にボールを置いて、 少量の水をそっとかけます。 泡が出てくるので、 10分ほど置いてからスポンジなどでこすってください。
◎バケツにお湯とボールを入れてぞうきんを洗うと、 きれいに洗えます。

レモンマッサージソルト

50g

Zitronen-Massagesalz

お風呂場で使用するマッサージソルトです。足裏やかかと、ひじ、ひざなど、角質が気になる部分につけてマッサージしてください。
オリーブオイルが入っているので、洗い流した後も肌がしっとりします。
また、爽やかな香りが気持ちをいやしてくれます。

材料

レモンの皮……19%（9.5g）
塩……60%（30g）
オリーブオイル……20%（10g）
精油（ゼラニウムもしくはラベンダー）……1%（0.5g）

作り方

1 レモンはよく洗い、おろし器で皮をすりおろします。
2 保存容器をデジタルスケールにのせて、レモンの皮、塩、オリーブオイルを量り入れ、ゴムベラでよく混ぜ合わせます。
3 2に精油を量り入れてさらに混ぜます。

※おろし器は料理用のものでかまいません。

バスミルクパウダー

1回分

Bade-Milchpulver

お風呂に入れて使うパウダーです。バスミルクは全身をしっとりとうるおしてくれ、特に乾燥肌の方におすすめです。塩が入っているので体の温め効果もあり、オレンジやユズの皮、精油の香りがリラックスに導いてくれます。なお、オレンジやユズの皮は乾燥させて保存しておけば、いつでも使えて便利です。もし余ったら皮だけをお風呂に入れてもいいですね。

材料

スキムミルク............36.2%（15g）
塩..............................48.2%（20g）
重曹..........................12% (5g)
オレンジもしくはユズの皮（乾燥させたもの）
..................................2.4%（1g）
精油（ゼラニウムもしくはラベンダー）
..................................1.2%（0.5g）

作り方

下準備……オレンジもしくはユズはよく洗って皮をむき、皮を細かく切ります。ざるの上に重ならないように並べて、天日でからからになるまで干します。干し上がったら密閉容器で保存します。

1 容器をデジタルスケールにのせて、スキムミルク、塩、重曹、オレンジもしくはユズの皮を量り入れ、スプーンで混ぜます。
2 1に精油を量り入れ、ダマにならないように混ぜ合わせます。

※容器やスプーンは料理用のものでかまいません。

ルームスプレー

50ml

Raumspray

ひと吹きすれば、部屋やトイレのにおいを瞬時に消してくれます。
精油は70%以上のアルコールに溶けるため、分離することはありません。
なお、精油は1種類でもいいのですが、数種類をブレンドすると香りに深みが出ます。ゼラニウムやラベンダーのほかに手持ちの精油があれば、試してみてください。

材料

消毒用エタノール（70%）……………………90%（45ml）
精油（ゼラニウムもしくはラベンダー）………10%（5ml）

作り方

スプレーボトルをデジタルスケールにのせて、消毒用エタノール、精油を量り入れます。ふたをしめ、よく振って混ぜ合わせます。

精油をブレンドする場合は……数種類の精油をあらかじめ混ぜておき、1カ月ほど光のあたらない涼しい場所で保管します。この間に精油同士がよく混ざり合い、香りがやわらかく豊かになります。1カ月たったら消毒用エタノールに混ぜます。

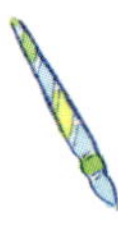

Memo 2　アルコールについて

「アルコール」や「エタノール」にはいろいろな種類があります。一般的に手に入りやすいのは次の3つでしょう。

ホワイトリカー、ウォッカなど（35～40%・アルコール度35～40度）
消毒用エタノール（70～85%・アルコール度70～85度）
無水エタノール（99%・アルコール度99度）

本書では消毒用エタノール（70～85%）を使用しています。
その理由は、
1. 容器の消毒
2. コスメの保存料
3. チンキの作成
という3つの役目を、すべて問題なく満たすことができるからです。

ホワイトリカーや無水エタノールでも代用することができますが、特にチンキの作成において70%濃度のアルコールが、ハーブが持つ水溶性、油性の両方の成分をなるべく壊すことなく抽出できる、という点ですぐれています。
ただ、もしホワイトリカーと無水エタノールしかないというのであれば、その二つを混ぜることで70%のアルコールを作ることができます。

作り方　100ml
ホワイトリカー、ウォッカなど.... 50%（50ml）
無水エタノール......................... 50%（50ml）
これを混ぜるだけで70%のアルコールができます。

なお、59ページでルームスプレーの作り方を紹介しましたが、アルコールに対する精油の割合を変えることで、香水などのフレグランスを作ることもできます。
フレグランスにもさまざまな種類があり、それぞれ精油の濃度が違うので、まずはその違いを見てみましょう。

香水：15-18%
オードパフューム：10-12%
オードトワレ：7-9%
オーデコロン：3-5%
スプラッシュコロン：1-2%

となっています。

そこで、たとえばオードトワレ（100ml）を作りたい場合には、
消毒用エタノール（70%）..........92%（92ml）
精油..8%（8ml）
を混ぜ合わせればいいのです。

精油は1種類でもいいのですが、好みのものを2～5種類ほど混ぜたほうが、香りに深みが出ます。
作り方はルームスプレーと同じです。59ページを参照ください。

Kolumne 3 インタビューコラム

自然療法士

Maria Lepsi Fugmann（マリア・レプシ・フーグマン）さん

ドイツの自然療法士（Heilpraktiker）は国家資格を持つ専門家。自然のものや伝統的な医療を使い、患者の心身のバランスを整えることを第一に、現代医療とは違った視点で治療にあたります。自然療法士になったばかりのマリアさんにお話を伺いました。

― かんたんに言うと、自然療法士とはどういうものですか?

自然療法士は、自然のもの、たとえば植物や水、また伝統的な中医学、アーユルベーダなどを使って治療する人のことです。医師を除いては、唯一診断を下すことができる専門家です。あと、制限はありますが、医師の診断なしに薬を処方したりもできます。でも、我々自然療法士が処置してはいけない病気などもあるので注意が必要ですし、その場合は患者さんを医師に紹介します。

― 診断を下せる、ということはさまざまな分野の知識が必要になりますよね。自然療法士になるためには、何を学ばないといけないのですか?

一般的な病気についてや、解剖学、生理学、病理学などに加えて、心理学、衛生学等々を学びます。ほかに実践的なものでは、触診の仕方や注射の打ち方なども学びます。

― たくさん学ばないといけないのですね。自然療法士になるのは難しいのですか?

自然療法士は大きな責任を伴った仕事なので、この職業に就くのはけしてかんたんではありません。たとえば私は毎晩、毎週末、習ったことを何時間も復習して勉強しました。すべてを暗記したら、続いて国家試験が待っています。これは筆記試験と口頭試験からなり、まず筆記試験が行われます。ここで合格できれば、口頭試験に進むことができるのです。最終的な合格率は20パーセントくらいです。

―その難関を突破されたマリアさんはすごいですね!

ありがとうございます。でもようやくスタート地点に立てたという感じです。多くの生徒は合格後も、植物療法やほかの自然療法を学ぶために勉強を続けます。また、今まで医療に携わってこなかった人は、病院や他の自然療法士のもとで研修します。私も今、自然療法士のもとで研修して、いろいろ学んでいるところです。それと同時に、自分の診療所を持つ準備もしています。

―独立もできるということですね。日本に住んでいても自然療法士になれますか?

一番はドイツで学校に通うことだと思います。ライフスタイルに合わせたコースがたくさんありますし。通信講座でも勉強は可能ですが、やはり学校に通うほうがいろいろな意見交換もできますし、いいと思います。

―診察はどのように行われるのですか?

まず初めに、自然療法士にはそれぞれ専門分野があります。たとえばホメオパシーやアーユルベーダ、中医学、温泉療法、水療法などを専門にしている人もいれば、運動や栄養のバランスを整えることに重きを置いて治療する人もいます。患者はまずどの分野の先生に診てもらいたいかをあらかじめ考えて、自然療法士を選びます。でも、どの自然療法士でも一致しているのは、問題がある部分だけを診るのではなく、「心と身体のバランスを整えること」を第一にしている点です。ですので、最初の治療は1～2時間かかります。患者さんとよく話し合って、治療方法を相談します。そして2回目からようやく治療に入ります。

―現代の医療とは違ったやり方ですね。

そうですね。現代の医療とは違った視点から病気を見て、治療するのが自然療法士です。

Kapitel 3

もっとナチュラルコスメ（中級編）

初級編のコスメ作りを覚えたら、

中級編にトライしてみませんか。

より本格的なものを自分で作ることができ、

コスメの種類も一気に広がります。

ボディスプレーやマウスウオッシュ、

日焼け止めクリームだって

作ることができます。

材料について

もっとナチュラルコスメ！　次に揃えたいのはこんな基材

初級編をマスターしたら、もう少し手の込んだものを作ってみましょう。初級で揃えた5つの基材に、次に挙げる基材をプラスすれば、作れるものの幅がぐっと広くなり、より本格的なナチュラルコスメができあがります。
なお、これらの基材を購入できる場所は巻末に記載しています。

ハーブ水

初級ではローズ水もしくはネロリ水をおすすめしました。中級ではさらにラベンダー水もしくはローズマリー水も使ってみましょう。

ラベンダー水

学名	Lavandula angustifolia
主な作用	抗炎症／感染を防ぐ／虫刺されに
肌質	ニキビが気になる肌に／オイリー肌に

ラベンダーの香りが苦手な方はローズマリー水で代用することもできます。

ローズマリー水

学名	Rosmarinus officinalis
主な作用	抗炎症／血行促進
肌質	ニキビが気になる肌に／髪のケアに

精油

初級ではゼラニウムもしくはラベンダーをおすすめしました。中級ではさらにローズマリーもしくはペパーミントも使ってみましょう。

ローズマリー

学名	Rosmarinus officinalis
主な作用	血行促進／抗炎症／殺菌
肌質	ニキビが気になる肌に／オイリー肌に

ローズマリーの香りが苦手な方はペパーミントで代用することもできます。

ペパーミント

学名　Mentha piperita
主な作用　抗炎症 / 鎮痛 / 殺菌
肌質　肌の荒れやむくみが気になる肌に

キャンデリラワックス

リップクリームや口紅などで使用します。メキシコ北部やアメリカ南部の砂漠地帯に生育するキャンデリラ（タカトウダイグサ）から取れる天然の植物ワックスです。植物性なのでベーガンの方も使用できます。キャンデリラワックスはミツロウより硬く、キャンデリラワックスを使うとミツロウだけで固めるよりもツルっとした使用感になります。

キサンタンガム

クリームやジェルで使用します。キサンタンガムはトウモロコシなどのデンプンを原料に、微生物発酵によって作られるもので、食品にとろみをつける増粘剤としても使われています。水にもお湯にも溶けて液体の粘性を上げ、液体をジェル状にしたり、クリームをもっちりとした感触にする役割を果たします。水分の蒸発を防ぐ働きもあるので、保湿作用のあるグリセリンと一緒に使用するとさらに効果的です。

液状トコフェロール（ビタミンE）

抗酸化作用を持ち、オイルの酸化防止のため、バームやクリームなどに加えます。また紫外線で傷んだ肌や炎症を起こしている肌のケアにも向いています。
トコフェロールは主に大豆やナタネなどの植物油から抽出され、ビタミンEオイルとも呼ばれます。ちなみにサプリメントでもビタミンEはありますが、サプリメントには他の添加物が入っているため、ナチュラルコスメには使用できません。

液状レシチン

天然乳化剤として、バスボムなどに加えます。レシチンは脂質の一種で、水になじみやすい性質と油になじみやすい性質とを併せ持ち、水分と油分を結びつける働きがあります。ナチュラルコスメで主に使用されるのは、大豆から抽出されたレシチン（大豆レシチン）です。液体で水にもお湯にも溶けます。

キャスターオイル

ネイル用オイルやリップグロス、口紅などで使用します。キャスターオイルはトウゴマという植物の種子を搾って作るオイルで、ひまし油とも呼ばれます。主な成分であるリシノール酸には抗炎症作用があり、古くから薬用に使われてきました。ねっとりとした質感で、口紅の色素が唇にとどまるのを助ける役割もあります。

ホホバオイル

フェイスオイルやネイル用オイルなどで使用します。アメリカ南西部～メキシコ北部が原産のホホバという常緑樹の種子から得られるもので、厳密にはオイルではなくワックスに属します。ホホバオイルは角質層に働きかけ、内側から肌をやわらかくします。どの肌タイプの方にも使用できますが、特に乾燥肌の方におすすめです。また酸化しにくい性質を持ち、他のオイルと混ぜることで、オイルの安定性をアップさせます。ほのかに独特の香りがすることから、精油と一緒に使用するのが一般的です。

カカオ（ココア）バター

ボディーメルツやバスボムなどで使用します。カカオ豆に含まれる植物性油脂で、通常常温では固形ですが、32～36℃を超えると急速に溶け始めます。比較的硬く、ボサボサした質感のバターです。乾燥してガサガサに荒れた肌のケアに適しています（ニキビができやすい人にはよくないとも言われます）。精製されたものと未精製のものの2種類がありますが、どちらを選んでもかまいません。精製されたものは、特に肌が敏感な方におすすめです。未精製のものは精製のものより栄養価が高く、より効果的なお手入れができます。精製されたものは無臭ですが、未精製のものはチョコレートの香りがします。

自分で作るオイルやチンキ

ハーブをオリーブオイルや消毒用エタノールに漬け込んで、エキスを抽出します（作り方は70～71ページ参照）。マリーゴールドオイルやセントジョーンズワートオイルは販売されてもいるので、市販品を使ってもかまいません。購入できる場所は巻末に記載しています。

マリーゴールドオイル（購入可能）
フェイスオイルやバームで使用します。敏感肌や炎症のある肌にも向いています。

レモンバームオイル
リップクリームで使用します。ヘルペスにもいいと言われています。

セントジョーンズワートオイル（購入可能）
マッサージオイルやバームで使用します。スポーツ後や肩こりがひどいとき、捻挫、日焼け後の肌にいいとされます（光毒性があるので夜のみの使用に）。

ヤロウオイルもしくはカモミールオイル
ネイル用オイルやボディメルツなどで使用します。ヤロウにはアズレンという抗菌・抗炎症の作用を持つ成分が含まれており、カモミールも同様です。敏感肌にも向いています。

ヤロウチンキもしくはカモミールチンキ
化粧水やボディスプレーで使用します。作用はヤロウオイルもしくはカモミールオイルと同様です。

セージチンキ
頭皮用化粧水やマウスウォッシュなどで使用します。のどの痛みや頭皮の荒れにいいとされます。

ローズマリーチンキ
化粧水や頭皮用化粧水、マウスウォッシュなどで使用します。頭皮の荒れや口の中のケアに適しています。

Memo 3　オイル・チンキの作り方

それぞれのハーブをびんに入れ、そこにオリーブオイルや消毒用エタノールを注ぎます。ハーブ、オリーブオイル、消毒用エタノールの量はびんの大きさによって違ってきますが、目安として、ドライハーブなら片手にのるくらい、生のハーブなら両手にいっぱい、オリーブオイルや消毒用エタノールはハーブが完全に浸るように注ぎます。

マリーゴールドオイル

ドライもしくは生のマリーゴールドの花をオリーブオイルに浸し、弱火で20分間湯せんにかけるか、あるいは直射日光のあたらない暖かい場所で2～3週間保管してエキスを抽出します。コーヒーフィルターで漉して使用します（くわしくは120ページを参照）。

レモンバームオイル

ドライもしくは生のレモンバームをオリーブオイルに浸し、弱火で20分間湯せんにかけます。湯せんし終わったら、ふたをして、そのまま1～3日間置いてエキスを抽出します。コーヒーフィルターで漉して使用します。

セントジョーンズワートオイル

セントジョーンズワートの生の花をオリーブオイルに浸し、直射日光のあたらない暖かい場所で6週間保管してエキスを抽出します。コーヒーフィルターで漉して使用します（くわしくは110～111ページを参照）。

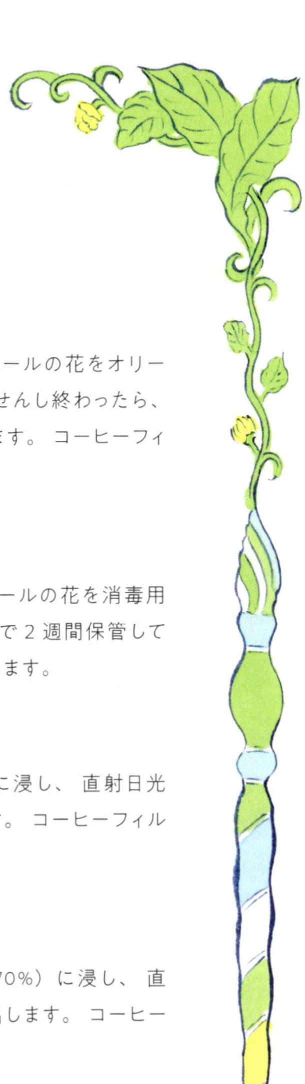

ヤロウオイルもしくはカモミールオイル

ドライもしくは生のヤロウの花もしくはジャーマンカモミールの花をオリーブオイルに浸し、弱火で20分間湯せんにかけます。湯せんし終わったら、ふたをして、そのまま1～3日間置いてエキスを抽出します。コーヒーフィルターで漉して使用します。

ヤロウチンキもしくはカモミールチンキ

ドライもしくは生のヤロウの花もしくはジャーマンカモミールの花を消毒用エタノール（70%）に浸し、直射日光のあたらない場所で2週間保管してエキスを抽出します。コーヒーフィルターで漉して使用します。

セージチンキ

ドライもしくは生のセージを消毒用エタノール（70%）に浸し、直射日光の当たらない場所で2週間保管してエキスを抽出します。コーヒーフィルターで漉して使用します。

ローズマリーチンキ

ドライもしくは生のローズマリーを消毒用エタノール（70%）に浸し、直射日光のあたらない場所で2週間保管してエキスを抽出します。コーヒーフィルターで漉して使用します。

化粧水（乾燥肌用）

50g

Gesichtswasser

初級で紹介したネロリ水、ローズ水は、老化肌や炎症のある肌にポジティブに働きます。そこに炎症を抑える作用のあるヤロウやジャーマンカモミールのチンキをプラス。乾燥して荒れた肌をしっとりと整えてくれる化粧水です。
チンキは消毒用エタノールで作るので、保存料としての役割も果たします。

材料

ネロリ水……45%（22.5g）
ローズ水……42%（21g）
グリセリン……3%（1.5g）
ヤロウもしくはカモミールチンキ……10%（5g）

作り方

保存容器をデジタルスケールにのせて、すべての材料を量り入れます。ふたをしめて、よく振って混ぜ合わせます。

★より本格的にはPH値を調節します（90～91ページ参照）。

化粧水（オイリー肌用）

50g

Gesichtswasser

ニキビが気になる肌や皮脂の多い肌におすすめのハーブは、ラベンダーやローズマリーです。抗炎症・抗菌作用や肌の引き締め作用があり、皮脂バランスを整えてくれます。ハーブ水とチンキのダブル使いで、ラベンダーやローズマリーのエキスをたっぷり取り込める化粧水です。

材料

ラベンダー水もしくはローズマリー水……46%（23g）
精製水……41%（20.5g）
グリセリン……3%（1.5g）
ローズマリーチンキ……10%（5g）

作り方

保存容器をデジタルスケールにのせて、すべての材料を量り入れます。ふたをしめて、よく振って混ぜ合わせます。

★より本格的にはPH値を調節します（90～91ページ参照）。

ボディスプレー（日焼け後の肌に）

50g

Körperspray

日焼けしてほてった肌を、クールダウンしてくれるスプレーです。
ラベンダー水は抗炎症作用にすぐれ、日焼け後の肌のケアに最適です。
さらに炎症を抑えるヤロウもしくはジャーマンカモミールのチンキを加えることで、紫外線でダメージを受けた肌を落ち着かせる働きをアップしています。

材料

ラベンダー水……………… 45%（22.5g）
精製水……………… 45%（22.5g）
ヤロウもしくはカモミールチンキ……………… 10%（5g）

作り方

スプレーボトルをデジタルスケールにのせて、すべての材料を量り入れます。ふたをしめて、よく振って混ぜ合わせます。

★より本格的にはPH値を調節します（90～91ページ参照）。

頭皮用化粧水

50g

Kopftonic

頭皮のケアにはローズマリーやセージがよいと言われ、紫外線で傷んだ頭皮にも向いています。また頭皮の血行を促進する作用があるので、抜け毛対策としてもいいでしょう。髪を洗ったあとに頭皮にスプレーし、指の腹を使ってマッサージするようによくもみ込んでください。

材料

精製水……35%（17.5g）
ローズマリー水……50%（25g）
セージもしくはローズマリーチンキ……15%（7.5g）

作り方

スプレーボトルをデジタルスケールにのせて、すべての材料を量り入れます。ふたをしめて、よく振って混ぜ合わせます。

★より本格的にはPH値を調節します（90～91ページ参照）。

髪用スプレー

50g

Haarspray

頭皮ではなく、髪そのものに使用するスプレーです。紫外線の刺激をやわらげるココナッツオイル入りで、特に乾燥が気になる髪におすすめです。
洗髪後、ドライヤーをかけて乾かした髪に使用します。スプレーする前によく振ってくださいね。

材料

ラベンダー水……80%（40g）
ココナッツオイル……5%（2.5g）
セージもしくはローズマリーチンキ……12%（6g）
液状レシチン……1%（0.5g）
精油（好きな精油）……2%（1g）

作り方

スプレーボトルをデジタルスケールにのせて、すべての材料を量り入れます。ふたをしめて、よく振って混ぜ合わせます。

日焼け止めクリーム

50g

Sonnenschutzcreme

自然の力を借りた、肌にやさしい日焼け止めクリームです。ココナッツオイルには紫外線を防ぐ効果がSPF4～10あると言われています。
ココナッツオイルをそのまま塗ってもいいのですが、クリームにすることでより軽い感触になり、つけていることが気になりません。子供の日焼け対策にもどうぞ。

材料

ココナッツオイル .... 20%（10g）
液状レシチン .... 5%（2.5g）
ラベンダー水......................... 63.8%（31.9g）
消毒用エタノール（70%）.... 10%（5g）
キサンタンガム ....0.2%（0.1g）
精油※ ....1%（0.5g）

※精油はゼラニウム、ラベンダー、ローズマリー、ペパーミントから好きなものを選ぶか、または数種類をブレンドしてもいいでしょう。

作り方

1 保存容器をデジタルスケールにのせて、ココナッツオイル、液状レシチンを量り入れ、ミニ泡立て器で混ぜ合わせます。もし、ココナッツオイルが固まっているときはココナッツオイルを耐熱容器に入れ、湯煎で溶かしてから使用します。
2 1にラベンダー水、消毒用エタノールを量り入れて、混ぜ合わせます。
3 2にキサンタンガム、精油を量り入れて、混ぜ合わせます。

フェイスオイル
10g

Gesichtsöl

特に乾燥した肌、 傷んだ肌におすすめのオイルです。 ホホバオイルが乾燥した肌に優しく働きかけ、マリーゴールドオイルは傷んだ肌をいやしてくれます。液状トコフェロールを加えることで、 オイルの酸化を防いでいます。

材料

ホホバオイル......................... 49%（4.9g）
マリーゴールドオイル........... 49%（4.9g）
液状トコフェロール .... 2%（0.2g）

作り方

保存容器をデジタルスケールにのせて、すべての材料を量り入れます。
ふたをしめて、 よく振って混ぜ合わせます。

香る髪用オイル

20g

Haaröl

髪用のオイルと言えば日本では椿オイルが有名ですが、 ドイツではオリーブオイルを使用します。 じつは椿オイルとオリーブオイルは、 成分が非常によく似ています。 どちらのオイルも日光に強く酸化しにくいので、 髪用にぴったりなのです。 ゆえに、 このオリーブオイルは椿オイルでも代用可能。
洗髪して髪を乾かしたあと、手にオイルを1～3 滴とって毛先にもみ込めば（つけすぎるとギトギトになるので注意してください)、ふわっと香る艶やかな髪に。

材料

オリーブオイル...................... 98%（19.6g）
精油（好きな精油）................ 2%（0.4g）

作り方

保存容器をデジタルスケールにのせて、 オリーブオイルと精油を量り入れます。
ふたをしめて、 よく振って混ぜ合わせます。

マッサージオイル
50g

Massageöl

セントジョーンズワートオイルは、セントジョーンズワートの花をオリーブオイルに漬け込んだもの。筋肉痛や捻挫の緩和、日焼け後の肌のケアにいいといわれています。オリーブオイルがベースのマッサージオイルは伸びがよく、肌にほどよく浸透します。ただし、セントジョーンズワートオイルは光毒性があるので日中の使用は避け、夜のケアとして使うようにしてください。
このマッサージオイルに、好きな精油を1～2滴加えてもいいでしょう。

材料

セントジョーンズワートオイル............99%（49.5g）
液状トコフェロール............................1%（0.5g）

作り方

保存容器をデジタルスケールにのせて、セントジョーンズワートオイル、液状トコフェロールを量り入れます。ふたをしめて、よく振って混ぜ合わせます。

ネイル用オイル

15g

Nagelöl

爪の両わきや付け根の皮膚のケアができるオイルです。
抗炎症・抗菌作用のあるヤロウもしくはカモミールオイルに、角質層に働きかけるホホバオイルをプラス。さらにキャスターオイルを加えることで、ねっとりとした質感になり、オイルが爪の周囲にとどまりやすくなります。

材料

ヤロウもしくはカモミールオイル........32%（4.8g）
キャスターオイル................................33%（5g）
ホホバオイル.......................................32%（4.8g）
液状トコフェロール ....2%（0.3g）
精油（好きな精油）..............................1%（0.1g）

作り方

保存容器をデジタルスケールにのせて、すべての材料を量り入れます。ふたをしめて、よく振って混ぜ合わせます。

美容バーム

100g

Gesichtsbalsam

化粧水のあとに使用するバームです。マリーゴールドオイルとシアバターが肌にうるおいをもたらして水分を逃しません。肌の炎症を抑える作用のあるマリーゴールドは、ドイツのナチュラルコスメの定番アイテムで、子供にも使える安心ハーブです（ただし、キク科アレルギーの方は避けてください）。
特に乾燥が気になる方は、クリームのあとに塗ってもいいでしょう。

材料

マリーゴールドオイル............................54%（54g）
ミツロウ..9.5%（9.5g）
シアバター..34%（34g）
液状トコフェロール...............................2%（2g）
精油（ゼラニウムもしくはラベンダー）......0.5%（0.5g）

作り方

1 耐熱容器をデジタルスケールにのせて、マリーゴールドオイル、ミツロウを量り入れます。
2 別の容器にシアバターを量り入れておきます。
3 1を湯せんにかけて、ときどきミニ泡立て器で混ぜ、ミツロウが完全に溶けたら、2を入れて混ぜます。完全に溶けたら湯せんから上げます。
4 3をデジタルスケールにのせ、液状トコフェロール、精油を量り入れて混ぜ、ゴムベラで保存容器に移します。

天使のお守りバーム

150g

Schutzengelbalsam

ドイツでは「一人一人にSchutzengel（守り天使）がついていて守ってくれている」と信じられています。伝統的に魔よけの効果があるとされるヤロウやセントジョーンズワートを使って作るバームは、そんな天使から優しい贈り物です。胸もとや腕の内側などに塗ってみてください。きっと不安やトラブルからあなたを守ってくれます。

材料

ヤロウオイル……24%（36g）
セントジョーンズワートオイル……7%（10g）
オリーブオイル……36%（54g）
ココナッツオイル……13%（20g）
ミツロウ……11%（17g）
シアバター……9%（13g）
精油……ラベンダー15滴、ゼラニウム9滴

作り方

1 耐熱容器をデジタルスケールにのせ、ヤロウオイル、セントジョーンズワートオイル、オリーブオイル、ココナッツオイル、ミツロウを量り入れます。
2 別の容器にシアバターを量り入れておきます。
3 1を湯せんにかけて、ときどきミニ泡立て器で混ぜ、ミツロウが完全に溶けたら、2を入れて混ぜます。完全に溶けたら湯せんから上げます。
4 3に精油を入れて混ぜ、ゴムベラで保存容器に移します。

リップクリーム

10g（リップスティック２本分）

Lippenpflege

初級でもリップクリームを紹介しましたが、 このリップクリームはキャンデリラワックス を加えることで、 ツルツルして最高の使い心地になっています。 やわらかめの質感で、 硬いリップクリームが苦手な方におすすめです。
レモンバームオイルはヘルペスにもいいと言われています。

材料

ミツロウ............................ 10%（1g）
キャンデリラワックス........ 8%（0.8g）
レモンバームオイル.......... 79%（7.9g）
液状トコフェロール .... 2%（0.2g）
精油※ .... 1%（0.1g）

※精油はゼラニウムやラベンダーがおすすめです。
夏用であればペパーミントでもいいでしょう。

作り方

1 耐熱容器をデジタルスケールにのせて、 ミツロウ、 キャンデリラワックスを量り入れます。
2 別の容器にレモンバームオイル、 液状トコフェロールを量り入れておきます。
3 1を湯せんにかけて、 ときどきゴムベラで混ぜ、 完全に溶けたら、 2を入れてよく混ぜます。
4 3を湯せんから上げて、 デジタルスケールにのせ、精油を量り入れて混ぜます。手早くリップスティック容器に流し込み、 冷めて固まるまでそのまま置いておきます。

マウスウォッシュ

43g

Mundspülung

外出中で食後に歯磨きができないときや、 口の中が脂っぽいときなどに活躍するマウスウォッシュです。 抗菌や抗炎症の作用があるハーブのパワーで口内がすっきり!　吐く息も爽やかになりますよ!

材料

グリセリン............................ 14%（6g）
ハーブ水※1 .... 40%（17g）
ハーブチンキ※2 .... 46%（20g）
精油（ペパーミント）............. 1滴

※1 ハーブ水：ローズマリー水には抗菌、 抗炎症、 フレッシュにしてくれる作用、 ラベンダー水にも抗菌や抗炎症作用があります。 好きな方を選んでください。
※2 ハーブチンキ：ローズマリーチンキやセージチンキがおすすめです。

作り方

保存容器にグリセリン、 ハーブ水、 ハーブチンキを量り入れ、 精油を加えます。 ふたをしめて、 よく振って混ぜ合わせます。

使い方

マウスウォッシュを 2 倍くらいに水に薄めて口をゆすぎます。

ボディメルツ

50g

Bodymelts

肌をマッサージするようにして使うボディメルツです。かかとやひざ、ひじなど、特に乾燥が気になる箇所をこすってください。体温で溶けてしっとりとうるおいます。ほぼ1日で固まるので、作った次の日から使用可能。プレゼントにもぴったりです!

材料

ミツロウ............................ 4%（2g）
カカオ（ココア）バター.... 50%（25g）
シアバター .... 43%（21.5g）
ヤロウもしくはカモミールオイル...2%（1g）
液状トコフェロール ....1%（0.5g）
精油（好きな精油）..........................8滴

作り方

1 耐熱容器をデジタルスケールにのせてミツロウを量り入れ、湯せんにかけて完全に溶かします。
2 別の容器にカカオバター、シアバターを量り入れ、同じく湯せんにかけて、ときどきゴムベラで混ぜ、完全に溶かします。
3 2が溶けたら1に流し込み（ミツロウの量が減る可能性があるので、逆にはしないこと）、よく混ぜます。
4 3を湯せんから上げてデジタルスケールにのせ、ヤロウもしくはカモミールオイル、液状トコフェロールを量り入れて混ぜ、精油を加えてさらに混ぜます。型に流し込み、固まるまでそのまま置いておきます。

※型は、チョコレートなどのお菓子作り用のものを利用するといいでしょう。

バスオランジェット

約 30g

Bade-Orangette

オレンジを乾燥させて、カカオバターをまとわせると……おいしそうなバスオランジェットの完成です（食べないように気をつけてください!）。お風呂に浮かべれば甘い香りが漂って、肌もうるおいます。なおココアパウダーは食用の、砂糖や粉乳の入っていないもの（ピュアココア）を使用します。

材料

乾燥させたオレンジ……… 8 枚
カカオ（ココア）バター…. 74%（20g）
液状レシチン…………… 7%（2g）
ココアパウダー……… 18%（小さじ 1）
精油（好きな精油）……… 1%（0.3g）

作り方

下準備……オレンジはよく洗って、幅 2 ～ 3mm くらいに輪切りにします。ざるの上に重ならないように並べて、天日でからからになるまで乾燥させます。

1 耐熱容器をデジタルスケールにのせて、カカオバター、液状レシチン、ココアパウダーを量り入れます。湯せんにかけて、ときどきゴムベラで混ぜ、完全に溶かします。

2 1を湯せんから上げてデジタルスケールにのせ、精油を量り入れて混ぜ、乾燥オレンジにかけます。固まるまでそのまま置いておきます。

バスボム①

135g

Badepraline

お風呂に入れて使用する、肌がしっとりうるおうバスボムです。次ページのバスボムの土台になる部分ですが、これだけでも使えます。
チョコレートの型に入れるとかわいい仕上がりになって、プレゼントにも最適です!

材料

カカオ（ココア）バター……18.5%（25g）
シアバター……8.8%（12g）
ココナッツオイル……6.7%（9g）
液状レシチン……2%（3g）
重曹……37%（50g）
クエン酸……18.5%（25g）
片栗粉……7.4%（10g）
精油（好きな精油）……1.1%（1g）
好きなドライハーブ……適量

作り方

1 耐熱容器をデジタルスケールにのせて、カカオバター、シアバター、ココナッツオイル、液状レシチンを量り入れます。
2 別の容器に重曹、クエン酸、片栗粉を量り入れておきます。
3 1を湯せんにかけて、ときどきミニ泡立て器で混ぜます。完全に溶けたら湯せんから上げて、2を入れてよく混ぜます。
4 3に精油を加えて混ぜ、ゴムベラで型に流し入れて、上にハーブを飾ります。固まるまでそのまま置いておきます。

※型は、チョコレートなどのお菓子作り用のものを利用するといいでしょう。

バスボム②

107g

Badepraline

バスボム①で作った土台部分にトッピングする、クリーム部分の作り方です。ココナッツオイルが入らない以外は①と同じ材料で、作り方もほぼ同じですが、少々分量が違います。バスボム①+②で、お風呂用のカップケーキのできあがり! 上にバラなどの乾燥花を飾ってもいいですね。

材料

シアバター .... 23.5%（25g）
カカオ（ココア）バター .... 23.5%（25g）
液状レシチン .... 2.8%（3g）
重曹 .... 28%（30g）
クエン酸 .... 16%（17g）
片栗粉 .... 5.6%（6g）
精油（好きな精油） .... 0.6%（1g）

作り方

1 耐熱容器をデジタルスケールにのせて、シアバター、カカオバター、液状レシチンを量り入れます。
2 別の容器に重曹、クエン酸、片栗粉を量り入れておきます。
3 1を湯せんにかけて、ときどきミニ泡立て器で混ぜます。完全に溶けたら湯せんから上げて、2を入れてよく混ぜます。
4 3に精油を加えて混ぜ、ゴムベラで絞り器に入れます。クリームを絞り出す要領でバスボム①にトッピングし、固まるまでそのまま置いておきます。

※絞り器は料理用のものでかまいません。

Memo 4　PH 調節について

より本格的にナチュラルコスメを作りたい方は、PH の調節をマスターしましょう。

まず最初に、PH とは何なのでしょうか?
簡単に言えば、PH とはその物質が「酸性」なのか「アルカリ性」なのかを示すものです。PH は基本的に 1 ~ 14 まであり、数字が小さければ小さいほど酸性を示します。つまり 1 は強酸性、7 は中性、14 は強アルカリ性ということになります。

ドイツのナチュラルコスメにおいては、たびたび PH を調節するのですが、それは手作りナチュラルコスメが多くの場合、中性（PH7）になってしまうからです。もともと私たちの肌は、弱酸性の状態にあることで肌のバリアが守られ、肌の状態が保たれます。そのためナチュラルコスメも弱酸性であることが求められます。

本書で紹介したナチュラルコスメはすべて、おおよそ PH6 くらいになっています。軽い弱酸性というところでしょうか。なので、そのままでも問題はなく、使い心地も悪くないはずですが、PH5 − 5.5 に合わせると、さらに肌にいいものになります。

次に、PH の調節ですが、「乳酸」または「クエン酸」を使用します。乳酸は液状、クエン酸は粒状です。どちらを使用しても OK。

PH の調節の仕方はとてもかんたんです。 化粧水やボディスプレー 50ml に対して、 乳酸をおおよそ 1 ～ 2 滴入れて混ぜるだけ。 1 滴加えて混ぜた後、一度 PH を測り、十分でなければもう1滴加える、というように 1 滴ずつ加えていくと失敗がありません。

準備するもの

1 PH 用紙

厳密に測れるものでなくて OK です。 いろいろな形状で販売されています。 インターネットで購入できます。

1

2 乳酸

私は健栄製薬株式会社のものを使用していますが、 他社のものでもかまいません。1回につき 1 ～ 2 滴使用する程度なので、容量 50ml のものでも長く使えます。

2

3 スポイト

1 滴ずつ加えるためにスポイトがあると便利です。 100円ショップで購入できます。

3

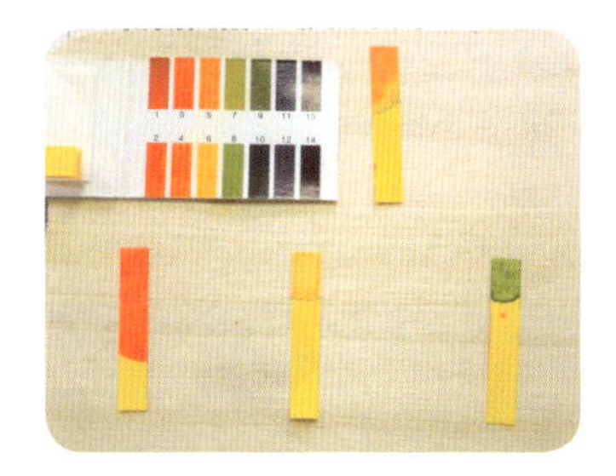

PH 比較

上：本書の化粧水レシピ（初級）を PH 調節したもの（PH5 ～ 5.5）
下左：乳酸のみ（PH2 ～ 3：強酸性）
下中：本書の化粧水のレシピ（初級）（PH6：弱酸性～中性）
下右：せっけん（PH8：弱アルカリ性）

Kolumne 4

ヒルデガードフォンビンゲンの巡礼街道

12 世紀を生き、 修道院の長でもあったヒルデガードフォンビンゲン。 植物学に長けたヒーラーであり、 神学者としても世界的に有名な彼女の知恵は、 今日においてもさまざまな形で生き続けています。
その彼女を記念する巡礼街道が、 2017 年 9 月にできました。街道には 59 もの宿場があり、 それぞれの場所でヒルデガードフォンビンゲンの人生についてや、 彼女の知恵を学ぶことができます。
この巡礼街道は 137km の距離で歩くと 1 週間かかりますが、そのつらさも道中の森や草原、 ワイン畑や小さな町の美しさがいやしてくれます。 1 週間も歩くの? 泊るところは? と心配になる方もいらっしゃるかもしれませんが、 道中には宿もあり、 宿泊しながら巡礼街道を楽しめます。 また、 多くの場所で、 ヒルデガードが生きた時代の郷土料理も食べることができます。 巡礼パスももらえるので、 宿や宿場でスタンプを集めるのも楽しみの一つになるかもしれません。
道中にはヒルデガードフォンビンゲンの家族がいた街や、 ヒルデガードが 40 年も仕えていた修道院の跡地もあります。 最終地点に近い Bingen am Rhein（ビンゲン・アム・ライン）には5kmほどの小さな巡礼街道があって、ここにはヒルデガードにゆかりのあるものや、彼女から影響を受けたものがたくさん整備されています。Hildegarten（ヒルデガーテン）というガーデンには、ヒルデガードが使っていたハーブが集められ、庭になっています。
「Hildegarten は見たいけど巡礼街道は歩きたくない」という方や、「お土産だけ買いたい」という方も大丈夫です！ 宿場やお店だけを訪れることもできますし、多くの場所は無料で開放されています。英語での情報もありますので、気になる方は下記の HP をご覧ください。
（著：Maria Lepsi Fugmann）

www.hildegardweg.eu
www.landderhildegard.de
www.naheland.net

Kolumne 5　インタビューコラム

植物療法士
Myriam Müller（ミリアム・ミューラー）さん

多くの学校で植物療法を教える傍ら、自らもワークショップを開いて自宅でレッスンを行っているミリアムさん。自分で作った庭には何十種類ものハーブが咲き乱れています。そのハーブを使ってナチュラルコスメを手作りしているミリアムさんに、植物療法との関わりなどをお聞きしました。

―ミリアムさんはいつから植物療法に取り組んでこられたのですか?

私はもう何十年も前から、植物をオイルに浸け込んで植物エキスを抽出し、バームなどを作ってきました。たとえば「赤いオイル」とも呼ばれる「セントジョーンズワートオイル」です。このオイルはさまざまな傷につけることで、治りが早くなるといわれていますが、まだ子供が小さいときには本当に重宝しました。

―ミリアムさんのセントジョーンズワートオイルのラベルには「Aua oil」と書いてありますが、Auaにはどんな意味があるのですか?

これは、子供たちがオイルを塗るときにいつも「Aua（痛い!）」と言っていたからです。

―そこが植物療法のスタートですね。本格的に植物療法に目覚めたのはいつ頃ですか?

20年前に手がひどく乾燥して、ひび割れや湿疹が起きたのです。それが、界面活性剤を多く含んでいる液体のせっけんで、手を頻繁に洗うことから起きていることに気づきました。そこで自分でせっけんを作り始めたのです。そしてそれで手を洗い始めたら、なんと! 手はもとの状態に戻っていたのです。

―手作りせっけんは本当に肌に優しいですよね。

そうですね。私はそこからせっけんだけではなく、ハンドクリーム、デオスプレー、リップクリーム、口紅、歯磨き粉などの日用コスメを作り始めました。

ミリアムさんのホームページ：
www.KräuterRabe.de（ドイツ語のみ）

―日常のコスメはすべて手作りですね。手作りコスメのいいところは何ですか？

「自分で材料を決められる」ということです。何を入れて何を入れないかを自分で決められるのが最大の魅力です。

―とても大事なポイントですよね。たとえばどういう素材を避けるのですか？

発がん性の疑いのあるものは使いませんし、パームオイルを使っているものも使用しません。

―パームオイルを含んでいるものは肌に悪いのですか？

そうではありません。これは環境保護の観点からです。パームオイルは熱帯林を破壊して搾取していると言われています。そういう点で、私はパームオイルを含む素材は一切使いません。

―素材にとてもこだわっていらっしゃるのですね。

はい。それから素材は自分で作ることができるものは作ります。たとえば蒸留水は自分で作りますし、チンキ、植物抽出エキスもすべて自分で作ります。精油が取れることもありますよ。

―自分で作れないものだけは買っていらっしゃるのですよね。ドイツではどこでコスメの素材を購入するのですか？

主にインターネットで買います。昔はほとんど売っているところがなかったのですが、今はコスメ素材を販売するお店が増えてきているので、買いやすくなっています。

―日本はまだまだナチュラルコスメ後進国なので、もっと広がって購入できる場所が増えてきたらいいなと思います。最後にミリアムさんの今後の目標はなんですか？

ドイツの植物療法は新たに進化しています。それを次の世代につないでいくことが、私の使命だと思っています。

Kapitel

4

四季のハーバルライフ

ここでは、 四季折々楽しめる

コスメや料理・お菓子のレシピを紹介します。

ドイツの季節の移り変わりや暮らし、

風景を想像しながら作ったら、

作る喜びもぐっと増します。

ちょっとした贈り物にもおすすめです。

春のハーブレシピ

ハーブバター

Kräuterbutter

ハーブがたくさん芽吹いてくるこの季節。フレッシュなハーブを使ったハーブバターを作りましょう。まとめて作って冷凍もでき（密閉容器に入れるか、あるいはラップに包んで棒状にすれば、必要な分だけ切って使えます）、約１カ月保存可能。冷蔵保存なら３～５日は持ちます。ゆでたジャガイモに、パスタに、お肉に、もちろんパンにと、いろいろ使って、ハーブの香りを楽しんでください。

材料

バター（有塩）……50g
ハーブ（下記参照）のみじん切り……大さじ２
にんにく……1/4 かけ
塩・こしょう……お好みで適量
☆好みでマスタードやレモン汁などを加えてもおいしいです。

作り方

1 バターは冷蔵庫から出して室温に戻し、にんにくはすりおろします。
2 やわらかくなったバターにハーブ、にんにくを入れて混ぜ、
好みで塩・こしょうを加えてさらに混ぜます。

使用するハーブ

チャイブ（もしくはアサツキ）、スイバ、ボリジ、サラダバーネット、
ディル、イタリアンパセリ、エストラゴン、タイム、ローズマリー

他にレモンバームやミントなどを入れてもいいでしょう。いろいろ選んで混ぜ込んでください。ポイントは、チャイブとイタリアンパセリを多めに入れること！　全体の半量くらい入れるとおいしくなります。
他のハーブが手に入らなければ、チャイブとイタリアンパセリだけでも大丈夫です。

ハーブオイル

Kräuteröl

ドイツではよく使われるハーブオイル。作り方はかんたんで、香りがよく、味もおいしいので、ぜひ作ってみてください。オイルに漬け込むハーブはいろいろですが、主にローズマリー、セージ、タイム、ローリエなどが使用されます。室温で半年ほど保存可能。サラダのドレッシングの他、パスタ、肉や魚介、野菜のソテー、マリネなど、万能に使えます。

材料

ローズマリー（生）……1枝
ローリエの葉（生）……2枚
セージ（生）……2枚
こしょう（粒）……適量
にんにく……2かけ
オリーブオイル……450ml
☆ローリエの葉はドライでもかまいません。

作り方

1 ローズマリー、セージ、ローリエの葉を水で洗います。キッチンペーパーで水をふき取り、半日ほど置いて水気をとばします。水気は完全にとばさないと、カビの原因になります。
2 びんにハーブ、こしょう、にんにくを入れ、オリーブオイルを注ぎます。オリーブオイルはハーブが完全にかぶるようにします。オイルからハーブが出ているとカビが生えてしまうので、その場合はオイルを足してください。
3 キッチンペーパーでふたをします。1カ月間、直射日光の当たらない暖かい場所で保管してエキスを抽出します。毎日びんを振るとエキスが抽出されやすくなります。
4 1カ月経ったら、コーヒーフィルターでオイルを漉します。少し時間がかかりますが、気長に待ちましょう!

フランクフルト地方のハーブソース
Frankfurter Grüne Soße

ドイツにはハーブを使った料理がたくさんありますが、春から夏にかけてはハーブソースがよく作られます。その中でも代表的なのが、このフランクフルト地方のハーブソースです。

材料　3～4人前

ハーブソース

ハーブ（下記参照）..200g
サワークリーム.........100g
ヨーグルト................500g
砂糖..........................小さじ1/2
マスタード................小さじ1/2
塩..............................小さじ1/2
レモン汁...................お好みで適量

付け合わせ

ハーブソースをつけて食べます
ゆで卵......................6～8個
ジャガイモ................お好みで適量
スモークサーモン.....お好みで適量

作り方

1　ヨーグルト以外の材料をミキサーにかけて混ぜます。
2　1にヨーグルトを加え混ぜます。

使用するハーブ

フランクフルトのハーブソースは、基本的には7つのハーブ（チャイブ、チャービル、スイバ、サラダバーネット、クレス、パセリ、ボリジ）を使います。チャイブ（アサツキで代用可）、パセリを多めに入れるのがポイントです！　全体のハーブに対して半量くらい入れるといいでしょう。他にディルやレモンバームを入れてもおいしいです。

スイバやサラダバーネットはなかなか手に入らないかもしれません。このソースはドイツでは「手に入りやすいハーブ」を使用します。なのでチャイブとパセリの他は、手に入るハーブ（ディル、レモンバーム、ミントなど）を使用してもOKです。5～7種類くらい入れるとおいしくなりますよ！

ギョウジャニンニクのペースト

Bärlauchpesto

Bärlauch（ギョウジャニンニク）は、ドイツの春の代表的なハーブの一つ。5000年も前からキッチンハーブとしても植物療法においても使用されてきました。ギョウジャニンニクはビタミンとミネラルが豊富で、天然の抗生物質であるアリインを含み、植物療法では胃腸のトラブルの際に使用されます。
15歳でドイツに渡って料理を勉強し、料理人として活躍する高木由美さんに、ギョウジャニンニクを使ったレシピを教えてもらいました。パスタや肉料理の味付けにとても合います。

材料

ギョウジャニンニク..2束
松の実......................大さじ1
パルメザンチーズ....50g
オリーブオイル.........適量
塩...............................小さじ1/2
こしょう.....................適量

作り方

1 ギョウジャニンニクは洗って小さく切ります。松の実はフライパンなどで炒ります。
2 1をミキサーにかけ、そのペーストにパルメザンチーズを混ぜ合わせます。
3 2にオリーブオイルを少しずつ加え混ぜ、クリーム状になったら塩・こしょうで味付けします。

春のナチュラルコスメ

口紅 6g Lippenstift

春になると鮮やかな色のものを身にまといたくなりますよね。マイカ（次ページ参照）を使った口紅で、唇にもナチュラルな鮮やかさを添えましょう。マイカにはいろいろな色があるので、好きな色を選んだり混ぜたりして、自分だけのカラーを楽しんでください。

材料

キャスターオイル……………45%（2.7g）
ホホバオイル…………………10%（0.6g）
マイカ…………………………15%（0.9g）
ミツロウ………………………10%（0.6g）
キャンデリラワックス………5%（0.3g）
カカオ（ココア）バター……8%（0.5g）
シアバター……………………7%（0.4g）

作り方

1 耐熱容器をデジタルスケールにのせて、キャスターオイル、ホホバオイル、マイカを量り入れます。
2 別の容器二つに、ミツロウとキャンデリラワックス、カカオバターとシアバターを、それぞれ量り入れておきます。
3 1を湯せんにかけて、ミツロウとキャンデリラワックスを入れます。ときどきミニ泡立て器で混ぜて、完全に溶かします。
4 3にカカオバターとシアバターを入れて溶かし、湯せんから上げて、ゴムベラでリップスティック容器に流し込みます。

リップグロス 15g Lipgloss

唇を艶やかに彩るリップグロス。ナチュラルコスメなら口に入っても安心です。
少し硬めのグロスなので、持ち歩いても漏れたりしません。

材料

キャスターオイル………………………93％くらい（14g）
ミツロウ……………………………………3％（0.5g）
液状トコフェロール……………………2％（0.3g）
マイカ………………………………………1～2％（0.2g）

作り方

1 耐熱容器をデジタルスケールにのせて、
すべての材料を量り入れ、湯せんにかけます。
2 ときどきミニ泡立て器で混ぜながら、完全に溶かし、
湯せんから上げて、ゴムベラで保存容器に流し込みます。

マイカとは

マイカは雲母と呼ばれるもので、花こう岩や雲母片岩を砕いてできた、鉱物のパウダーです。そのままでは白色ですが、パウダーの表面に天然素材で着色コーティングしたカラーマイカには、さまざまな色があります。口紅やリップグロスには赤やピンクの他、いろいろ混ぜてオリジナルカラーを作ってもいいですね。

花粉対策ルームスプレー 100g

Anti-Allergie Spray

春は花粉に悩まされる季節です。冬の間に食べた温州みかん（無農薬のもの）の皮を捨てずに乾燥させておき、チンキにしてルームスプレーを作りましょう。温州みかんなどの皮には、抗アレルギー成分のノビレチンが含まれ、アルコールに漬けることで成分が抽出されます。精油はローズマリーでもいいですが、ティーツリーやユーカリは、粘膜の炎症を抑えて花粉症によいとされる成分を含むので、より効果的。温州みかんの他、シークワーサー、伊予かん、マンダリンの皮も、同様に使えます。

材料

温州みかんチンキ（下記参照）....25%（25g）
精油※ ....2%（2g）
精製水....................................73%（73g）
※精油は、ティーツリー1g＋ユーカリ1gがおすすめです。

作り方

1 スプレーボトルをデジタルスケールにのせて、温州みかんチンキ、精油を量り入れます。ふたをしめて、よく振って混ぜ合わせます。
2 1をデジタルスケールにのせて精製水を量り入れ、ふたをしめて、振って混ぜ合わせます。

温州みかんチンキの作り方

無農薬の温州みかんの皮をざるの上に重ならないように広げて、天日で乾燥させます。これを保存びんに入れて、消毒用エタノール（70％）を皮が浸るくらい注ぎ、直射日光のあたらない場所で2週間ほど保管して、エキスを抽出します。コーヒーフィルターで漉して使用します。

Kolumne 6

聖水

ドイツ西部のライン川流域に位置するケルンとボンからほど近い森の中に、ひっそりとたたずむ聖水の泉。かつて、貴族の娘が盲目になってしまったときにこの聖水を訪れ、水で目を洗ったところ、目が見えるようになったと伝えられています。その後も多くの人が同じような奇跡を体験したといわれています。植物療法士のミリアムさん(94～95ページ参照)は、この水を使ってハーブを蒸留したり、植物の芽を使って行う民間療法のジェモテラピーを行っています。ジェモテラピーを体験した人たちも、聖水のパワーを感じているそうです。

この聖水にまつわる逸話が書かれた看板。森の中にひっそりたたずんでいます。

今でもこの泉には水があり、自由に汲むことができます。

夏のハーブレシピ

ジェノベーゼ Basilikum-Pesto

夏にたくさんとれるバジルの葉。たっぷり使って、風味豊かなペーストを作りましょう。冷蔵保存で3カ月、冷凍保存なら1年くらい持ちます。パスタソースにはもちろんのこと、ソテーやローストした肉や魚介のソースにしたり、スープに隠し味的に加えたりするのもおすすめです。

材料

バジルの葉（生）……15g（50枚くらい）
松の実……大さじ1
にんにく（みじん切り）……小さじ2
パルメザンチーズ……小さじ2
塩……小さじ1/2
オリーブオイル……適量※

※オリーブオイルは材料が完全にかぶるくらいが適量です。保存びんに入れた際に、ペーストの中身がオイルより上に出ているとカビが生えてしまうので、その場合はオイルを足してください。

作り方

1 フライパンで松の実を軽く色づくまで炒ります。
2 バジルの葉、松の実、にんにく、パルメザンチーズ、オリーブオイルをミキサーにかけて、どろどろになるまで混ぜてペースト状にします。
3 最後に塩で味付けして、保存びんに移します。

Kolumne 7

夏のユニークなハーブレシピ

ドイツではキッチンハーブとはちょっと違うハーブも人気です。 ヘッセン地方の出身のユリアさんに２種類のおもしろいハーブとそのレシピを紹介してもらいました。

1　Waldmeister（クルマバソウ）

初夏の訪れを告げるハーブで、 料理にも飲み物にも使われます。 アイスクリームやジェリー、 レモネードの香りづけに使用されますが、 日本の桜餅のような香りがします。 クルマバソウを使った代表的な飲み物は、 マイボウル（Maibowle）です。 クルマバソウを白ワインとスパークリングワインに漬け込むことで、 香りを出します。 クルマバソウに含まれる「クマリン」という成分が、 桜餅風の香りのもとです。 ハーブティーとしても好まれ、 生もしくは乾燥させたクルマバソウ大さじ１～２杯に、 250ml の熱いお湯を注ぎます。 ５～７分蒸らしたらできあがりです。 蜂蜜で甘さをプラスしても OK。 植物療法では、 抗炎症、 抗菌、 抗酸化の作用があるといわれています。

マイボウルのレシピ

材料

白ワイン 1L
スパークリングワイン 750ml
砂糖 100g
クルマバソウ .... 20 本

作り方

1　白ワインとスパークリングワインを大きな容器に入れます。
2　1 にクルマバソウを束ねて入れ、 20 ～ 30 分間浸け込みます。
その後、 クルマバソウを取り出し、 砂糖を加え混ぜます。
グラスに注いだマイボウルにイチゴを入れてもいいですね!

2　ヨモギ（Beifuß）

料理のハーブとして、ヨモギも人気があります。日本とは違い、ドイツでは夏にヨモギの花を摘んで乾燥させます。それを肉料理のソースに加えます。植物療法では、ヨモギは消化の促進や抗痙攣、婦人科系のトラブルに使用されます。

ヨモギのチャツネのレシピ

材料

ヨモギの葉……3～4g
コリアンダー……1束
りんご……1/2個
玉ねぎ……1/4個
すりおろしたショウガ……30g
にんにく……1～2片
チリ（お好みで）……1～2本
クミン……少々

作り方

すべての材料をミキサーにかけて混ぜ、
塩、こしょう、レモン汁、砂糖で味を整えます。

焼いた鶏肉や魚に添えたり、トルティーヤのように
ディップにしてもおいしいですよ！

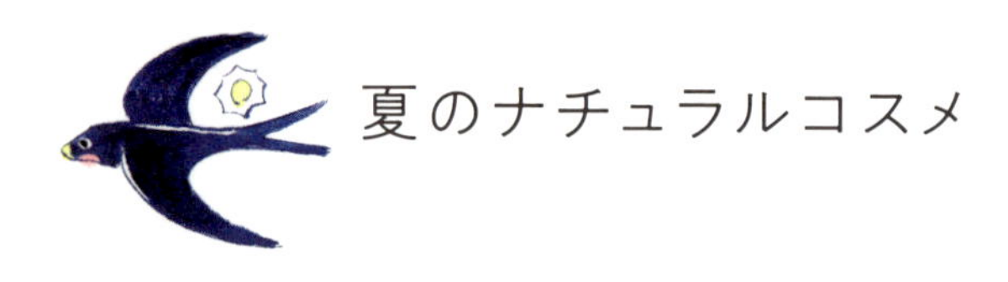

夏のナチュラルコスメ

セントジョーンズワートオイル

Rotöl

初夏に作っておくべき「魔法の赤いオイル」。それはセントジョーンズワートオイルです。ドイツの植物療法士はみんな作っています。
セントジョーンズワートは初夏に黄色い花をつけます。花を摘み取ると指が赤く染まりますが、この赤い色素が有効成分です。オリーブオイルに漬けてその成分を抽出します。
セントジョーンズワートオイルの作り方はとてもかんたんです。最初は透明だったオイルが、次第に真っ赤になっていく過程を見るとちょっと感動します。
できあがったオイルは、マッサージオイルとして使用します（80ページ参照）。スポーツのあとの筋肉痛や肩こりがひどいとき、捻挫のときなどにこのオイルで優しくマッサージしましょう。また日焼け後の肌に塗り込むと、ひりひりする痛みがやわらぎます。
ただし、光毒性があるので塗ったあとは直射日光を避けること。このオイルでのマッサージは夜に行ってください。
セントジョーンズワートは「魔法の赤いオイル」にする他、ハーブティーとしても利用できます。栽培しやすく、庭にじか植えしても植木鉢でも大丈夫なので、ぜひ育ててみてください。

材料

セントジョーンズワートの花（生）……保存びんにいっぱい
オリーブオイル………………………………セントジョーンズワートの花が浸るくらい

作り方

1 セントジョーンズワートの花を保存びんに入れ、オリーブオイル（精製されたもの）を注ぎます。オイルの分量は特に決まっていませんが、必ず花が完全に浸るまで注ぎます。花がオイルから出ていると、カビが生える原因になります。
2 通気性をよくするためにキッチンペーパーでびんにふたをして、直射日光のあたらない暖かい場所で6週間保管し、エキスを抽出します。
3 1日1回キッチンペーパーをはずし、びん本来のふたをしてよく振ります。これにはエキスをより抽出しやすくするためと、カビを生えにくくするという目的があります。
4 6週間後、赤色のオイルができるのでコーヒーフィルターでオイルを漉し、清潔なびんに入れ替えて保管します。常温で6カ月保存可能です。

虫よけスプレー 100ml

Anti-Insekten Spray

夏のアウトドアレジャーやバーベキュー、 庭仕事などに欠かせない虫よけスプレー。 虫を寄せつけない効果があるニームオイル（次ページ参照）を使って、ナチュラルな虫よけを手作りしましょう。

材料

ニームオイル .... 3%（3ml）
精油※1 .... 1 ~ 2%（1 ~ 2ml）
液状レシチン .... 1%（1ml）
ハーブ水※2 .... 74%（74ml）
消毒用エタノール（70%）........... 20%（20ml）

※1　ゼラニウム、 ラベンダー、 ローズマリーから好きなものを１種類選んでもいいですし、数種類を混ぜてもかまいません。 もし手に入ればシトロネラやレモングラスもおすすめです。
※2　ラベンダー水やローズマリー水がおすすめです。

作り方

1　スプレーボトルをデジタルスケールにのせて、 ニームオイル、 精油、液状レシチンを量り入れ、 ふたをしめて、 振って混ぜ合わせます。
2　1をデジタルスケールにのせて、 ハーブ水、 消毒用エタノールを量り入れ、ふたをしめて、 振って混ぜ合わせます。

虫よけスプレー（部屋やカーテンに）50ml

Anti-Insekten Spray

部屋やカーテンにはアルコールベースの虫よけを。ニームの香りで虫が逃げていってくれます。ニームオイルは植木や野菜、ハーブの害虫対策にも使える便利なアイテム。もちろん人や動物には無害です。

材料

消毒用エタノール（70%）........... 94%（47ml）
ニームオイル................................ 4%（2ml）
精油※.. 2%（0.5 ~ 1ml）

※ゼラニウム、ラベンダー、ローズマリーから1種類を選んでも、
数種類を混ぜてもかまいません。手に入ればシトロネラやレモングラスもおすすめです。

作り方

スプレーボトルをデジタルスケールにのせ、消毒用エタノール、
ニームオイル、精油を量り入れ、ふたをしめて、振って混ぜ合わせます。

ニームオイルとは

インドや東南アジアなどに自生するニームの木の種子から抽出されるオイルです。ニームはインドの伝承医学アーユルベーダの重要なハーブでもあり、古くからその薬効が利用されてきました。また、ニームオイルの虫に対する有効性は、多くの研究で立証されています。Neal's Yard Remedy（NYR）Natural News（31 May, 2012）によると、ココナッツオイルに2%のニームオイルを混ぜたものを肌に塗って一晩過ごしたグループと、何もつけずに一晩過ごしたグループを比較。何もつけずに一晩過ごしたグループは何百箇所も蚊に刺されたのに対し、ニームオイルを塗ったグループは一つも刺されなかったという驚きの結果が出ています。

すっきり夏用スプレー 50g

Körperspray für den Sommer

暑い夏にぴったりのメンソール（下記参照）を使ったボディスプレーです。ひと吹きしたあとの肌にスーッと清涼感が残ります。リフレッシュしたいときやお風呂上がりに使ってください。胸もとや首筋にスプレーすれば、寝苦しい夜も寝入りやすくなるはずです。

材料

メンソール……2%（1g）
ハーブ水※……75%（37.5g）
液状レシチン……1%（0.5g）
消毒用エタノール（70%）……20%（10g）
精油（ペパーミント）……2%（1g）
※ラベンダー水やローズマリー水がおすすめ。
もしくは精製水でもかまいません。

作り方

1 耐熱容器をデジタルスケールにのせて、メンソールを量り入れ、湯せんにかけて溶かします。
2 1をデジタルスケールにのせて、ハーブ水、液状レシチン、消毒用エタノール、精油を量り入れ、ミニ泡立て器で混ぜて、スプレーボトルに移します。

メンソールとは

ペパーミントやニホンハッカの精油に含まれる、メンソール成分を結晶化したものです。ハッカ脳、メントールクリスタルとも呼ばれます。通常は固形ですが、湯せんにかけるとオイル状になります。ペパーミントの精油の代わりとして、使用することもできます。

虫刺され後のジェル 50g

Insektengel

蚊の季節、虫よけも必須ですが、刺されたあとのケアも大切です！　このジェルは、ラベンダーとローズマリーが持つ炎症を抑える作用に加えて、メンソールの清涼感が蚊に刺されたかゆみを鎮めるのに役立ちます。

材料

ラベンダー水……………………………71%（35.5g）
メンソール………………………………2%（1g）
グリセリン………………………………8%（4g）
ローズマリーチンキ……………………15%（7.5g）
キサンタンガム…………………………4%（2g）

作り方

1　耐熱容器をデジタルスケールにのせて、ラベンダー水を量り入れます。
2　別の容器にメンソールを量り入れておきます。
3　1を湯せんにかけて温め、2を入れて溶かします。
4　3を湯せんから上げてデジタルスケールにのせ、グリセリン、ローズマリーチンキを量り入れてミニ泡立て器で混ぜ、最後にキサンタンガムを量り入れて混ぜます。ゴムベラで保存容器に移します。

デオドラント（固形）10g
Deodorant

アルミニウムフリーのデオドラントの固形版です。においを抑える重曹を使ったデオドラントパウダーに、抗菌作用とひんやり効果があるココナッツオイルを加え、メンソールでさらに涼味をプラス。クールな塗り心地が楽しめて、携帯にも便利です。

材料

デオドラントパウダー（53ページ参照）....15%（1.5g）
ココナッツオイル........63%（6.3g）
ミツロウ........12%（1.2g）
キャンデリラワックス........8%（0.8g）
メンソール........2%（0.2g）
精油（ラベンダー）........2滴

作り方

1 デオドラントパウダーを作ります（53ページ参照）。
2 耐熱容器をデジタルスケールにのせて、ココナッツオイル、ミツロウ、キャンデリラワックス、メンソールを量り入れ、湯せんにかけます。ミニ泡立て器でときどき混ぜて、完全に溶かします。
3 2を湯せんから上げて1を入れて混ぜ、最後に精油を加えて、よく混ぜます。ゴムベラで容器に流し込みます。そのまま固まるまで触らないようにします。

※容器は繰り出し式のデオドラントコンテナを使うといいでしょう。
購入できる場所は巻末に記載しています。

秋のハーブレシピ

ギュロス香辛料

Gyros-Gewürzmischung

ドイツで好まれている、ギリシャ発祥の香辛料ミックスです。焼いた肉や魚介、ジャガイモなどにかけて食べてみてください。とーってもおいしいですよ!
ハーブはすべてドライのものを使います。また、下記のレシピでは塩を入れていませんが、お好みで塩を適量加えてもOK。密封容器に入れて常温で1年間保存可能です。

材料

オレガノ……小さじ8
タイム……小さじ4
パプリカ……小さじ2
クミン……小さじ1
バジル……小さじ4
ローズマリー……小さじ2
(スパイスはすべてパウダーです)

作り方

すべての材料を混ぜるだけ!
ほら、もうおいしそうな香りがしてきました!

りんごのシュトロイゼルケーキ
Streuselkuchen

ドイツの伝統的なケーキといえば、シュトロイゼルケーキ（Streuselkuchen）です。サクサクのクッキー生地と、りんごによく合うシナモンの甘い香りがこのケーキのおいしさの秘訣。シナモンには血行をよくして冷えを防ぐ作用もあります。7つの材料で作ることができて、失敗知らずのこのケーキ。ホームパーティーで出したり、手土産にしても喜ばれますよ!

材料　直径18cmのケーキ型1個分

りんご（皮をむいて芯をとったもの）....350g
バター（無塩）....150g
砂糖....120g
卵黄....3個分
薄力粉....150g
強力粉....150g
シナモンパウダー....小さじ1

作り方

下準備……りんごを一口サイズに切り、ケーキ型にバター（分量外）を塗っておきます。

1. ボウルにバターと砂糖を入れ、湯せんにかけて（電子レンジで温めてもOK）、よく混ぜながらバターが溶けるまで加熱します。しっかり混ざったら湯せんから上げて、冷まします。
2. 別のボウルに、卵黄、薄力粉、強力粉、シナモンパウダーを入れて、ハンドミキサーもしくは泡立て器で軽く混ぜ、1を加えてボロボロとした感じになるまで混ぜます。
3. 2の生地の3/4をケーキ型に入れ、スプーンで押しつけて、土台を作ります。
4. 3の上にりんごを重ならないようにぎっしり並べます。残りの生地をハンドミキサーか泡立て器で混ぜてさらにボロボロにします。これをシュトロイゼルといいます。ボロボロにしたものをりんごの上に振りかけます。
5. 180度に温めたオーブンで45～50分焼きます。冷ましてから召しあがれ!

秋のナチュラルコスメ

マリーゴールドオイル
Ringelblumenöl

ようやく涼しくなった秋。夏の間に紫外線で傷んだ肌をいたわりましょう。マリーゴールドオイルはどんな肌質にも使える、ナチュラルコスメの万能オイル。フェイスオイルや美容バーム（78、82ページ参照）に使用します。特に肌の炎症が気になる方、敏感肌の方におすすめで、傷んだ肌のケアにもぴったりです。ただし、キク科アレルギーのある方は避けてください。
マリーゴールドオイルには夏に摘んで乾燥させた花、もしくは市販のドライハーブを使います。2種類の作り方がありますが、どちらでも作りやすいほうでかまいません。

材料

マリーゴールドの花（ドライ）……保存びんにいっぱい
オリーブオイル…………………………マリーゴールドの花が浸るくらい

作り方 I

1 マリーゴールドの花を保存びんに入れ、オリーブオイル（精製されたもの）をマリーゴールドが完全に浸るまで注ぎます。
2 1を直射日光のあたらない暖かい場所に2～3週間保管して、エキスを抽出します。
3 黄色（もしくはオレンジ色）のオイルができるので、コーヒーフィルターで漉して、清潔なびんに移し替えて保存します。常温で6カ月保存可能です。

作り方 II

1 作り方Iの1と同様です。
2 鍋にお湯をはり、マリーゴールドとオイルの入ったびんを20分間湯せんし、エキスを抽出します。粗熱が取れたらふたをして、そのまま1～3日間置いてさらにエキスを抽出します。
3 作り方Iの3と同様です。

むくみ・エコノミークラス症候群対策スプレー 250ml

Beinspray

秋の木の実といえば「栗」ですが、ここではトチノミを使います。トチノミに含まれるアエスシンやエスシンという成分が、むくみやエコノミークラス症候群、静脈瘤によいという研究結果がさまざまな機関から発表されています。この成分は水溶性なので、アルコールに漬けてエキスを抽出します。むくみが気になるときや飛行機に乗ったときに、脚にスプレーするといいでしょう。

材料

ローズマリー水............................ 68%（170ml）
トチノミエキス（下記参照）......... 32%（80ml）

作り方

スプレーボトルをデジタルスケールにのせて、ローズマリー水、トチノミエキスを量り入れ、ふたをしめて、振って混ぜ合わせます。

トチノミエキスの作り方

トチノミは日本のトチノキの実でも、西洋トチノキ（マロニエ）の実でも、どちらでもかまいません。食べる場合はアク抜きしますが、エキスを作るときはアク抜き不要です。生、もしくは乾燥させたトチノミを４等分し（皮はむかなくてOKです）、保存びんに入れて、消毒用エタノール（70%）をトチノミが浸るくらいまで注ぎます。直射日光の当たらない場所で１カ月間保管してエキスを抽出し、コーヒーフィルターで漉して使用します。

歯磨き粉 26g
Zahnpasta

11月8日は「いい歯の日」（日本歯科医師会が制定）だそうです。歯磨き粉も手作り可能で、研磨剤の代わりにカオリン（下記参照）を使います。ハーブの作用で口内ケアができて、磨き上がりもすっきり。使い始めたら、もう市販のものは使えません。

材料

グリセリン……57.7%（15g）
ハーブ水※1……23%（6g）
キサンタンガム……1.2%（0.3g）
ハーブチンキ※2……4.6%（1.2g）
精油（ペパーミント）……3滴
カオリン……13.5%（3.5g）

※1　抗炎症、抗菌、フレッシュにしてくれる作用があるローズマリー水か、抗菌や抗炎症作用があるラベンダー水の好きなほうを選んでください。
※2　ローズマリーチンキやセージチンキが最適です。

作り方

1　保存容器をデジタルスケールにのせて、グリセリン、ハーブ水を量り入れて混ぜ、キサンタンガムを振りかけて、ゴムベラでよく混ぜます。
2　1をデジタルスケールにのせてハーブチンキを量り入れ、精油を加えて混ぜます。
3　2にカオリンを入れ、5分以上混ぜ合わせます。

カオリンとは

鉱物を主成分とする天然のクレイで、一般に白色をしています。粒子がきわめて細かく、吸収力に富み、クレンジングパウダーやフェイスマスクにも使われます。

アロエクリーム 70g

Aloe Creme

そろそろ肌の乾燥が気になりだすシーズンです。 保湿力満点のアロエを使ったクリームで、 肌にうるおいを与えましょう。

材料

ホホバオイル............................... 21%（14.3g）
液状レシチン .... 5.5%（4g）
ミツロウ..................................... 2%（1.4g）
ローズ水..................................... 54%（38g）
消毒用エタノール（70%）.......... 10%（7g）
アロエジェル（下記参照）........... 7%（5g）
キサンタンガム .... 0.5%（0.3g）
精油（ベルガモット）..................... 7滴
精油（レモン）............................. 7滴
※精油はゼラニウム、 ラベンダー、 ローズマリーを組み合わせてもかまいません。

作り方

1 耐熱容器をデジタルスケールにのせて、 ホホバオイル、 液状レシチン、 ミツロウを量り入れ、 湯せんにかけます。 ときどきミニ泡立て器で混ぜて、 ミツロウを完全に溶かします。
2 1を湯せんから上げてデジタルスケールにのせ、 ローズ水、 消毒用エタノールを量り入れてよく混ぜます。
3 2が冷めたら、 アロエジェル、 キサンタンガムを量り入れ、 ベルガモットとレモンの精油を加え混ぜて、 保存容器に移します。

アロエジェルの取り方

アロエの葉を根元から切り、まずキッチンペーパーにのせて黄色い汁（Aloin / アロイン）が出切るまで置いておくか、 水に漬けておきます。 アロインは肌を刺激するので必ず取り除きましょう。 次に包丁で表面の緑色の皮をむいて、 スプーンで透明なジェルを取り出します。 ジェルは腐りやすいので、 すぐにクリームを作るようにしましょう。

手持ちのドライハーブで作る ハーブオイル・ハーブチンキ

Selbstgemachte Kräuter-Öle und Tinkturen

ドライハーブが余ってしまった、という経験はありませんか？ そんなハーブもオリーブオイルや消毒用エタノールに漬け込むだけで、立派なハーブオイルやハーブチンキに変身します。ハーブは1種類だけのシングルハーブでも、複数のハーブが混ざっているミックスハーブでもOKです。

ハーブオイルのレシピ

材料

ドライハーブ ……………保存びんにいっぱい
オリーブオイル……………ハーブが浸るくらい

作り方

1 ハーブを保存びんに入れ、オリーブオイル（精製されたもの）をハーブが完全に浸るまで注ぎます。
2 鍋にお湯をはり、ハーブとオイルの入ったびんを20分間湯せんしてエキスを抽出します。粗熱が取れたらふたをして、そのまま1～3日間置いてエキスをさらに抽出します。
3 できあがったオイルをコーヒーフィルターで漉し、清潔なびんに入れ替えて保存します。常温で6カ月保存可能です。

シングルハーブオイルの使用例：
◎ローズオイル：かゆみのある炎症肌のバームやフェイスオイルに
◎デイジーオイル：炎症が気になる老化肌のバームやフェイスオイルに
（どちらも49ページのオリーブオイル、78、82ページのマリーゴールドオイルの代わりに使用可能）
ミックスハーブオイルの使用例：
◎エルダーフラワー+リンデン+カモミールオイル：心が落ち着かないときのお守りバームに
（83ページのヤロウオイル、セントジョーンズワートオイルの代わりに使用可能）
◎ペパーミント+ローズマリーオイル：夏用のマッサージオイルに
（80ページのセントジョーンズワートオイルの代わりに使用可能）

ハーブチンキ（外用）のレシピ

材料

ドライハーブ .... 保存びんにいっぱい
消毒用エタノール（70%）.......... ハーブが浸るくらい

作り方

1 ハーブを保存びんに入れ、消毒用エタノールをハーブが完全に浸るまで注ぎます。
2 直射日光のあたらない場所で2週間保管して、エキスを抽出します。
3 できあがったエキスをコーヒーフィルターで漉し、清潔なびんに入れ替えて保存します。長期保存可能です。

シングルハーブチンキの使用例：
◎三色すみれチンキ：炎症の気になる荒れた肌の化粧水に
◎デイジーチンキ：炎症の気になる老化肌の化粧水に
（どちらも72ページのヤロウもしくはカモミールチンキの代わりに使用可能）
◎ラベンダーチンキ：ボディスプレー、頭皮用化粧水、髪用スプレーに
（74ページのヤロウもしくはカモミールチンキ、75、76ページのローズマリーもしくはセージチンキの代わりに使用可能）

ミックスハーブチンキの使用例：
◎エルダーフラワー+リンデン+カモミールチンキ：かゆみのある炎症肌の化粧水に
（72ページのヤロウもしくはカモミールチンキの代わりに使用可能）
◎ペパーミント+ローズマリーチンキ：夏用のボディスプレー、頭皮用化粧水、髪用スプレーに（74ページのヤロウもしくはカモミールチンキ、75、76ページのローズマリーもしくはセージチンキの代わりに使用可能）

また、カモミールでカモミールオイルやチンキ、レモンバームでレモンバームオイルが作れます（70～71ページ参照）。その他のハーブの場合も1章（Kapitel 1）のそれぞれのハーブの作用を参照に、オイルはバームやクリーム、チンキは化粧水やボディースプレーなどに使ってください。手持ちのハーブでいろいろなハーブオイルやハーブチンキを作って、活用してくださいね!

冬のハーブレシピ

グリューワインの香辛料

Glühwein-Gewürzmischung

ドイツの冬の飲み物といえば、グリューワイン! ワインにシナモンなどの香辛料を加えて温めたもので、クリスマスマーケットにもたくさんの屋台が出ています。温かいワインと香辛料の作用（130ページ参照）で、体の芯からぽかぽかになります。お酒が飲めない方はノンアルコールのグリューワインパンチをどうぞ。ドイツの冬の気分を味わってください。

材料

スターアニス 2個
シナモンスティック 1本
クローブ 6粒
カルダモン 3個

作り方

すべてのスパイスをすり鉢などで粗くつぶします。

作り方 I　グリューワイン

材料

赤ワイン .... 720ml（1本）
グリューワイン香辛料 126ページの半量
砂糖 大さじ4

作り方

鍋に赤ワイン、グリューワイン香辛料、砂糖を入れて、沸騰する直前まで温め、火を止めます。ふたをして1時間ほど置いておき、飲む前にほどよく温めます。茶漉しを通してカップに注ぎ分けます。
飲むときに輪切りにしたオレンジや、オレンジの皮を入れるとさらにおいしいですよ!
良いワインを使ってくださいね。

作り方 II　グリューワインパンチ（ノンアルコール）

材料

グレープジュース .... 600 ml
オレンジジュース......................... 400 ml
グリューワインの香辛料............. 126ページの半量

作り方

鍋にグレープジュースとオレンジジュースを入れて、沸騰する直前まで温め、火を止めます。グリューワイン香辛料を入れ、ふたをして2～3時間置いておき、飲む前にほどよく温めます。茶漉しを通してカップに注ぎ分けます。
グレープジュースやオレンジジュースのほか、好きなジュースや紅茶、ルイボスティーなどを使ってもいいですよ。

バニラ砂糖のクッキー（ヴァニレキップフェール）
Vanillekipferl

ドイツにはさまざまなクリスマススイーツがあります。これはオーストリア生まれのクリスマスクッキーで、ドイツの家庭でも一番と言っていいくらい、よく焼かれているものです。シンプルなレシピのこのクッキー、味の決め手はなんといってもバニラ砂糖でしょう。

材料　20個分

小麦粉……90g
無塩バター……70g
バニラ砂糖……20g
アーモンドパウダー……30g
バニラ砂糖（仕上げ用）……適量

作り方

1 ボウルに小麦粉、無塩バター（冷たいまま）、バニラ砂糖、アーモンドパウダーを入れて、よくこね合わせます。
2 1をひとまとめにしてラップに包み、冷蔵庫で1時間休ませます。
3 冷蔵庫から出した生地を20等分します。それぞれを棒状に丸め、両端を尖らせて、三日月のような形に成形します。
4 180度に温めたオーブンで8～9分焼きます。
5 オーブンから出したクッキーがまだ温かいうちに、仕上げ用のバニラ砂糖を全体にまぶしつけ、そのまましっかり冷まします。

バニラ砂糖
Vanillezucker

ドイツのクリスマスクッキー（128ページ参照）に使われるバニラ砂糖。各家庭でクリスマスの1カ月以上前から仕込んでおきますが、Vanillezucker（ヴァニレツッカー）として市販されてもいます。甘い香りの砂糖は、もちろんクッキーだけでなく、いろいろなお菓子作りに活躍します。
ちなみに、バニラはメキシコなど中央アメリカ原産の、ラン科のつる性植物です。花のあとにサヤエンドウに似た細長いさや状の果実をつけ、これがバニラビーンズになります。しかし、収穫されたばかりのさやにはほとんど香りがなく、発酵・乾燥を繰り返すキュアリングと呼ばれる複雑な工程を経て、独特の甘い香りが生まれるのだそう。バニラの香りはスイーツの甘みを強く感じさせるだけでなく、リラックス効果もあるといわれます。たしかに幸せな気分になる香りですよね!

材料

粉砂糖..100 g
バニラビーンズ............................1～2本

作り方

バニラビーンズは包丁で縦に切り目を入れ、包丁の先で中の黒い細かい種をこそげ取ります（種はそのままプリンやカスタードクリーム、ケーキの生地などに入れて使ってください）。さやの部分を密閉容器に入れた粉砂糖に差し込み、密封して1カ月。甘い香りのバニラ砂糖の完成です!

レープクーヘン香辛料

Lebkuchengewürze

ドイツのクリスマスには欠かせないレープクーヘン。ハチミツとスパイスをたっぷり使った甘くてスパイシーな焼き菓子で、クリスマスツリーのオーナメントとしても使われます。ちなみに、あのヘンデルとグレーテルのお菓子の家も、レープクーヘンで作られています。レープクーヘンのスパイスの種類や配合の仕方はさまざまですが、主にシナモンやクローブ、ナツメグなどが使われます。各スパイスには下の表のような効能があります。

材料　作りやすい量

シナモン……大さじ3
コリアンダー……小さじ1
スターアニス……小さじ1
ナツメグ……小さじ1
カルダモン……小さじ1/2
クローブ……小さじ1/2
（スパイスはすべてパウダーです）

作り方

すべてのスパイスを混ぜ合わせればできあがりです。密閉容器に入れて保管します。好みでオレンジピールやレモンピール、ペッパー、フェンネル、ショウガ（ジンジャーパウダー）などを加えてもいいでしょう。

スパイスの効能

スパイス	効能
アニス	抗痙攣　不安を取り除く
カルダモン	消化促進　血液循環促進
シナモン	殺菌　体を温める ☆クマリンを多く含むので頭痛を引き起こしやすい ☆妊婦は控えること
クローブ	抗菌　痛みの緩和
ナツメグ	抗炎症　殺菌　☆妊婦は控えること
コリアンダー	胃腸の痙攣を鎮める　不安を取り除く

レープクーヘン風クッキー

Lebkuchenmännchen

伝統的なレープクーヘンには、卵やバターなどの油脂が入りません。またチョコレートでコーティングしたり、アイシング（砂糖衣）でデコレーションしたりします。ここではレープクーヘン香辛料を使ったかんたんでシンプルなクッキーを紹介します。

材料　20～25個分

小麦粉……200 g
ベーキングパウダー……小さじ1/2
レープクーヘン香辛料……小さじ1
ココアパウダー……小さじ1
ハチミツ……100g
砂糖……40g
無塩バター……40g
卵……1/2個分

作り方

1 ボウルに小麦粉、ベーキングパウダー、レープクーヘン香辛料、ココアパウダーを合わせておきます。
2 別のボウルにハチミツ、砂糖、無塩バターを入れて湯せんにかけます。バターが完全に溶けたら湯せんから上げて、粗熱をとります。
3 1に2を入れ、卵を加えてよく混ぜ合わせます。
4 3をひとまとめにしてラップに包み、冷蔵庫に入れて、2時間～できれば2日ほど置いておきます。この間に生地全体がまとまります。
5 冷蔵庫から出した生地を5mmほどの厚さに伸ばし、クッキー型で抜きます。
6 180度に温めたオーブンで12分ほど焼きます。

冬のナチュラルコスメ

クリスマスリップクリーム

10g（リップスティック2本分）

Lippenpflege für den Winter

レープクーヘン香辛料（130ページ参照）を作ったら、コスメにも利用しましょう。香辛料を漬け込んだオイルを使って作る、スパイシーな香りのリップクリームです。

材料

ミツロウ……5%（0.5g）
キャンデリラワックス……10%（1g）
香辛料オイル（下参照）……49%（4.9g）
シアバター……10%（1g）
カカオ（ココア）バター……24%（2.4g）
液状トコフェロール……2%（0.2g）
精油※……2～8滴

※ゼラニウムやラベンダーがおすすめです。
また未精製のカカオ（ココア）バターを使用する場合は、
バターにチョコレートの香りがあるので、精油を入れなくてもかまいません。

作り方

1 耐熱容器をデジタルスケールにのせて、ミツロウ、キャンデリラワックスを量り入れます。
2 別の容器に香辛料オイル、シアバター、カカオバターを量り入れておきます。
3 1を湯せんにかけて、ときどきゴムベラで混ぜ、完全に溶けたら、2を入れて溶かします。
4 3を湯せんから上げて、デジタルスケールにのせ、液状トコフェロールを量り入れ、精油を加えて混ぜます。手早くリップスティック容器に流し込み、冷めて固まるまでそのまま置いておきます。

香辛料オイルの作り方

レープクーヘン香辛料（130ページ参照）を保存びんに入れて、オリーブオイル（精製されたもの）を注ぎ、直射日光のあたらない場所で1カ月間保管します。毎日びんを振ることでエキスが抽出されやすくなります。

マッサージハーブボール

Kräuter-Message-ball

賞味期限が過ぎてしまったドライハーブや、飲まなくなったドライハーブを利用したマッサージ用のボールです。首筋や腕、足などにぎゅっとあてててマッサージすると、手で行うマッサージとはまた違う感触が得られます。そのまま使ってもいいのですが、冬場は蒸し器で蒸して使うのがおすすめ。温かいマッサージボールはさらに心地よく、血行もよくなります。

材料

使わなくなったハーブ※……………20 gくらい
タオル……………………………………1 枚
タコ糸……………………………………適量
※ハーブの量が足りなければ、新しいハーブを足してください。

作り方

1 タオルの真ん中にハーブをのせ、てるてる坊主の要領で、ハーブ部分をぎゅっとボール状にします。ボールは硬ければ硬いほどいいので、できるだけ強く絞ります。
2 ボールの根元をタコ糸で縛り、タオルの余っている部分にもタコ糸を巻きつけてスティック状に固く縛ります。

サクランボの種のカイロ

Kirschkernkissen

日本には「小豆のカイロ」がありますが、ドイツの伝統的なカイロにはサクランボの種を使います。使い方は、電子レンジに入れて2分弱温めるだけ（種が割れるんじゃないかと不安な方もいるかもしれませんが、心配無用！）。サクランボの種は中が空洞になっていて、そこに温かい空気が閉じ込められるのだそうです。温めると素朴な香りがして、30分~1時間保温できます。初夏に食べたサクランボの種をとって置き、じんわりとやさしい温もりのカイロを作ってみませんか。

材料

サクランボの種※………………300g
布（15×20cm）………………2枚
※サクランボの種類は問いません。

作り方

1 サクランボの種を熱湯で5分ほど煮沸し、ざるに上げて、水をかけながら手で洗います。ぬめりがなくなるまで煮沸と水洗を繰り返し、その後、ざるに広げて天日で乾かします。
2 布を縫い合わせて袋を作り、中に1を入れて袋の口を縫い、完成です。

Kolumne 8

五感を駆使して、
自分を取り戻す時間を作りたい

今、ナチュラルコスメを手作りする人々の間には「五感を駆使して、自分を取り戻す時間を作りたい」という思いが強まっているようです。
デジタル化が急速に進み、世の中の流れが速くなり、五感を意識することが少なくなった現代に「手作りナチュラルコスメ」は、自分の感覚を取り戻す手段として受け入れられているのです。
植物の持つ色が視覚に優しく働き、自然な香りが脳をリラックスさせてくれます。クリームやバームを混ぜるときの音、そして作ったものを肌につけるときの感触、またハーブを口にしたときの味覚。すべてが五感に訴え、脳を休めてくれるのです。ナチュラルコスメを作り、使うことが、ある種のリラックスになっていると言えます。
「手作りナチュラルコスメ」は肌によく、環境にも優しいというだけでなく、そのブームの根底には、こうした理由も流れています。

Kolumne 9　インタビューコラム

ナチュラルコスメ制作者
Sandra Wieser（ザンドラ・ヴィーザー）さん

客室乗務員として世界中を飛び回りながら、自分の会社「Seifenkontor」を持つザンドラさん。会社の作業所でコスメを作って、自らさまざまな場所で販売しています。オーストリアのザルツブルクでナチュラルコスメといえば、皆が口を揃えて彼女の会社の製品をあげるほど！そんな二足のわらじを履くザンドラさんに会社設立のきっかけなどをお聞きしました。

—ザンドラさんの会社では、どんなものを作っているのですか?

せっけんやバスボム、バスソルト、顔や体のケア用品です。

—ザンドラさんのコスメは質の高さで評判ですが、製品を作るにあたって、特に気を付けている点は?

基材の質にはとてもこだわっています。あとは、「どれだけ化学物質を使わずに、自然のものを使うか」にもこだわっています。と言うのも、自然は私たちの肌が必要とするものをすべて持っているからです。

—そもそも、なぜナチュラルコスメを作り始めたのですか?

30代に入った頃、顔の肌に問題が出てきたんです。口周囲皮膚炎と診断され、これはどうにかしなくてはいけないと考え始めました。この口周囲皮膚炎はストレスや睡眠不足、乾燥した空気、栄養の偏りによるものが多いのですが、その他にもケアのし過ぎでも起こるのです。特に多くのコスメで使われている「鉱油」は、肌のバランスを逆に壊してしまい、より肌の水分を奪います。そこにまた鉱油の使われたクリームなどを塗り、悪循環に陥るのです。

—そこからコスメの成分にこだわり始めたのですね。

はい。最初は成分の勉強を始めました。そして自分用にコスメを作り始めたのです。そこから他の人にもこの良さを知ってほしいと考え始め、2013年にSeifenkontorを設立しました。現在ではたくさんの種類のコ

サンドラさんのお店の情報
ホームページ：www.seifenkontor.at（ドイツ語のみ）
メール：office@seifenkontor.at（英語・ドイツ語可能）

スメを扱っています。

―手作りコスメを使い始めて肌の変化はありましたか？

もう手作りコスメを使い始めて10年たちますが、私の肌はだいぶ良くなっています。口周囲皮膚炎は一生付き合っていかないといけない病気なのですが、その症状もかなり治まっています。私は自分で作ったコスメしか使わないのですが、私の肌が手作りコスメの良さの証明です。また、私のお客様は皆さん口を揃えて、「手作りコスメがどれほど肌にいいかに驚かされた」とおっしゃいます。

―お客様はどのような方たちなのですか？

客層は多くは若い世代です。20～40代の方が多くて、オーストリアはもちろんドイツからも買いに来てくださいます。皆さんやはり私と同じく、成分にこだわりを持たれていて、手作りというところを重視されていますね。またベーガン製品を多く取り揃えているので、ベーガンの方もよく買いに来られます。

―若い世代を中心に、ナチュラルコスメに注目が集まっているということですね。

そうですね。多くの人がとても高い意識を持ってコスメを選んでいるのは間違いありません。ナチュラルコスメはかつてのような「ニッチ」なものではなく、まさにコスメの中心にあります。オーストリアでは現在、多くの手作りコスメ本が販売されています。また手作りコスメの講座もたくさん存在しています。それと同時に、基材もスーパーマーケットで買えるまでになってきました。

―今はオーストリアでは、手軽にナチュラルコスメが自分で作れますね。

はい。誰でも作れます。一度自分でコスメを作って使用された方は、できたという満足感だけではなく、体が良い方に変わっていくという変化も感じていらっしゃいます。自然が与えてくれている力を借りてコスメを作り、肌に与える。その効果を、一人でも多くの方に自分の肌で感じていただきたいですね。

基材を購入できる場所

ハーブ水（ローズ水、ネロリ水、ローズマリー水、ラベンダー水）

フロリハナ	http://www.florihana.co.jp/
オレンジフラワー	http://www.orangeflower.jp/
ピーチピッグ	http://www.natural-goods.com/

オイル・バター 1
（ホホバオイル、カカオバター、シアバター、キャスターオイル）

フロリハナ	http://www.florihana.co.jp/
オレンジフラワー	http://www.orangeflower.jp/
ピーチピッグ	http://www.natural-goods.com/
マンデイムーン	https://www.mmoon.net/index.html
生活の木	https://www.treeoflife.co.jp/

オイル 2（オリーブオイル、ココナッツオイル）

フロリハナ	http://www.florihana.co.jp/
オレンジフラワー	http://www.orangeflower.jp/
ピーチピッグ	http://www.natural-goods.com/
マンデイムーン	https://www.mmoon.net/index.html

そのほかの基材 1（ミツロウ、キャンデリラワックス、キサンタンガム）

オレンジフラワー	http://www.orangeflower.jp/
ピーチピッグ	http://www.natural-goods.com/
生活の木	https://www.treeoflife.co.jp/

そのほかの基材 2
（液状トコフェロール、液状レシチン、カオリン、マイカ、メンソール、ニームオイル）

オレンジフラワー	http://www.orangeflower.jp/
ピーチピッグ	http://www.natural-goods.com/
マンデイムーン	https://www.mmoon.net/index.html
生活の木	https://www.treeoflife.co.jp/

そのほかの基材 3
（グリセリン、精製水、消毒用エタノール、重曹、クエン酸、スキムミルク、コーンスターチ）

オレンジフラワー　http://www.orangeflower.jp/
ピーチピッグ　http://www.natural-goods.com/
マンデイムーン　https://www.mmoon.net/index.html
生活の木　https://www.treeoflife.co.jp/

乳酸

ドラッグストア、薬局　Yahoo や Rakuten でも購入可能

精油

フロリハナ　http://www.florihana.co.jp/
オレンジフラワー　http://www.orangeflower.jp/
ピーチピッグ　http://www.natural-goods.com/
マンデイムーン　https://www.mmoon.net/index.html
生活の木　https://www.treeoflife.co.jp/
ニールズヤードレメディー　https://www.nealsyard.co.jp/onlineshopping/

リップスティックなどの容器

オレンジフラワー　http://www.orangeflower.jp/
ピーチピッグ　http://www.natural-goods.com/
マンデイムーン　https://www.mmoon.net/index.html
生活の木　https://www.treeoflife.co.jp/

インフューズドオイル（浸出油もしくは抽出油）、セントジョーンズワートオイル、マリーゴールドオイル

オレンジフラワー　http://www.orangeflower.jp/
フロリハナ　http://www.florihana.co.jp/
生活の木　https://www.treeoflife.co.jp/

ハーブティー

Enherb　https://www.enherb.jp/
Vedavi　http://www.vedavie.jp/shop/
生活の木　https://www.treeoflife.co.jp/

ドイツ式手作りナチュラルコスメ・植物療法が学べる・購入できる場所

ドイツ式ナチュラルコスメを学べる学校

日本　Roter Faden（日本語・ドイツ語可）

兵庫県尼崎市西難波町１－31－4
kumiko.yamaguchi1023@gmail.com
http://www.roter-faden.biz/

ドイツ　Kräuter Rabe（ドイツ語）

http://www.kräuterrabe.de/

Olionatura（ドイツ語）

https://www.olionatura.de/

ドイツ式ナチュラルコスメを買える場所

オーストリア　Seifenkontor（ドイツ語・英語）

http://seifenkontor.at/

ナチュラルコスメ材料価格（参考）

ホホバオイル　100ml	800～1500円
オリーブオイル　100ml	約1000円
カカオバター　100g	600～1400円
ココナッツオイル　100g	500円～
キャスターオイル　100g	500～600円
シアバター　100g	400～1500円
グリセリン　500ml	540～1300円

乳酸　50ml	500～900円
精製水　500ml	約100円
アルコール（消毒用エタノール）　500ml	800～1500円
ミツロウ　100g	600～1500円
キャンデリラワックス　100g	500～1200円
キサンタンガム　50g	約700円
トコフェロール（ビタミンE）　50ml	約1000円
液体レシチン　20ml	約380円
カオリン　20g	約180円
マイカ　2g	約200円
メンソール　50g	約600円
ニームオイル原液　100ml	約1000円
重曹	約100円
クエン酸	約100円
スキムミルク	約200円
コーンスターチ	約100円

ハーブ水

ローズマリー、ラベンダー、ローズ、ネロリ　各100ml

1000～1500円くらい

ハーブオイル

セントジョーンズワートオイル　100ml	約1700円
マリーゴールドオイル　100ml	約1250円

精油

ゼラニウム、真正ラベンダー、ペパーミント、ローズマリー　各5ml

600～2500円

ハーブティー

本書のハーブティー　各100g	500～3000円

2018年8月現在

参考文献

Naturkosmetik selber machen (freya): Heike Käser
Naturkosmetische Rohstoffe (freya): Heike Käser
Heilkraft aus Heilpflanzen: Dr. Rainer Schunk / Heilkräuter Fibel (mein schönes Land)
Die ganze Welt der Heilkräuter (garant)
Gesund durch Heilkräuter (Allpart Media): Dr. Ulrike Rehberger
Das große Lexikon der Landapotheke (OTUS)
Heilpflanzen sanfte Behandlung von Alltagsbeschwerden (Erlebnis Gesundheit) : Mannfried Pahlow
BTB Bildungswerk für therapeutische Berufe (sp-1096, sp-1083, sp-1087)
Traditionelle europäische Medizin (Herbig): Dr. med. Berndt Rieger
Kräuter und Heilpflanzen (vom österreichischen Roten Kreuz)
Herbal Handbook (The Green Pharmacy): James A. Duke, Ph. D.
Hydrolate Safte Heilkräfte aus Pflanzenwasser (freya): Ingrid Kleindienst-John
Shampoo Schaumbad Sowergel (Leopold Stocker Verlag): Ingeborg Josel
Grüne Kosmetik Bio-Pflege aus Küche und Garten (freya): Gabriela Nedoma
Kreative Seifen einfach selber machen: Naturseife und Kosmetik
einfach räuchern Anwendung, Wirkung und Rituale (KOHA Kompakt): Susanne Berk
Heilsalbenn aus Wald und Wiese (Servus) : Gabriela Nedoma
Creme & Salben selbst gerührt (STV): Ingeborg Josel
Natürlich schön Naturkosmetik leicht gemacht (EMF): Dr. Christina Kraus
The Glow (GU): Anita Bechloch / Hildegard Medizin für alle Tage (NIKOL): Wighard Strehlow
Hildegard Heilkunde von A-Z (NIKOL): Wighard Strehlow
Heilkosmetik aus der Natur (Kosmos): Myriam Verit
Endocrine Reviews, June 2009 30(4): 293-342
Endocrine Disrupting chemicals 2012: WHO
Global Assessment of the state-of-the-science of Endocrine Disruptor 2002: IPCS
Umwelt Bundesamt 16.03.2016 / Plastic in cosmetics 2015: UNEP
Heilpflanzen und Gewürzkräuter(editionsrevue): PaulFelten, Guy Zimer

からだに効くハーブティー図鑑（主婦の友社） 板倉 弘重監修 2003 年

http://www.kraeuter-verzeichnis.de/
http://www.fr-online.de/wissenschaft/wundheilung-wie-birkenrinde-wunden-heilt,1472788,26027250.html
http://www.docjones.de/wirkstoffe/birke-haengebirke/birkenrinde-extrakt
http://www.aloe-vera-akademie.de/
http://www.avocadooel.org/
http://www.aprikosenkernoel.info/
http://www.jafra.gr.jp/f192.html
http://date.euro.who.int/hfadb
http://naturkosmetik-selbstgemacht.de/index.htm

山口久美子

(Roter Faden 尼崎ドイツ語・植物療法教室代表)

植物療法士。上智大学外国語学部ドイツ語学科卒、京都大学大学院人間環境学研究科修士課程卒。大学卒業後、ボタニカルズ(現enherb)で勤務。自分でハーブを混ぜることや、さまざまなハーブについて学ぶ。その後、ドイツ(Berlin)に留学。ドイツで多様な植物療法に触れる。帰国後、国際文化機関であるGoethe Institut Osaka(ゲーテインスティテュート大阪・京都)でドイツ語講師として勤務する傍ら、ドイツ政府認定講座「メディカルハーブ学」(Heilpflanzenkunde)修了。2015年にRoter Fadenを設立。現在、植物療法ワークショップを行っている。

著書・訳書 『実践ドイツ語』(大学書林)、『21世紀のドイツ－政治・経済・社会からみた過去・現在・未来－』(一部翻訳)(ぎょうせい)

http://www.roter-faden.biz/

Myriam Müller

(KräuterRabe 代表)

メディカルハーブ講師(Heilkräuterpädagogin)やメディカルハーブ専門家(Heilkräuterexpertin)などの資格を持つドイツの自然療法士。またジェモテラピー(Gemmotherapie)やせっけん作り(Seifensieden)、「自分で作るお酢やチンキ」の資格も保有。2010年からさまざまな学校や幼稚園で植物療法を教える傍ら、自らもワークショップを開き、自宅でレッスンを行っている。30年以上にわたりナチュラルコスメティックを作り続け、せっけん作りも行う。代々受け継いできた、そして新たに進化したドイツの植物療法を、次の世代につないでいくことを最大の使命としている。

http://www.kräuterrabe.de/

ドイツのナチュラルコスメ・ハーバルライフ

2018年10月17日　初版第1刷発行

著者	山口久美子　Myriam Müller
デザイナー	塚田佳奈（ME&MIRACO）
イラストレーター	北澤平祐
撮影	藤牧徹也　山口久美子
ライター	岩原和子
校正	小堀満子
編集	及川さえ子
Special Thanks	Heike Käser　Sandra Wieser　Sabine Wiegandt Maria Lepsi Fugmann　Julia Takagi　高木由美

発行人	三芳寛要
発行元	株式会社パイ インターナショナル 〒170-0005　東京都豊島区南大塚2-32-4 TEL: 03-3944-3981　FAX: 03-5395-4830 sales@pie.co.jp PIE International Inc. 2-32-4 Minami-Otsuka, Toshima-ku, Tokyo 170-0005 JAPAN sales@pie.co.jp
印刷・製本	図書印刷株式会社

ISBN 978-4-7562-5076-6 C2077　Printed in Japan

ISBN978-4-7562-5076-6
C2077 ¥1600E

9784756250766

発売元：パイ インターナショナル
定価（本体1,600円＋税）

1922077016007